中国长岗坡

ZHONGGUO CHANGGANGPO

梁伟发　主编

人民出版社

长 岗 坡 精 神——

敢 为 人 先

艰 苦 奋 斗

善 于 担 当

一 心 为 民

不忘初心，方得始终。中国共产党人的初心和使命，就是为中国人民谋幸福，为中华民族谋复兴。这个初心和使命是激励中国共产党人不断前进的根本动力。全党同志一定要永远与人民同呼吸、共命运、心连心，永远把人民对美好生活的向往作为奋斗目标，以永不懈怠的精神状态和一往无前的奋斗姿态，继续朝着实现中华民族伟大复兴的宏伟目标奋勇前进。

——摘自习近平总书记在中国共产党第十九次全国代表大会上的报告

社会主义建设初期，全省上下积极响应党中央号召，大兴水利建设，在条件艰苦的情况下，建成了有"广东红旗渠"之称的罗定长岗坡渡槽等一批至今仍发挥重要作用的水利设施。当年水利建设这种昼夜奋战的场景，正是发挥党的群众路线优势的生动印证。

——摘自时任中共中央政治局委员、广东省委书记汪洋同志 2011 年 8 月 19 日在全省水利工作会议上的讲话

C 目录
ONTENTS

凡　例 001

序 .... 李均林 001

第一章　奇迹的出现 001

　　"人工天河"长岗坡 003

　　"人工天河"连着金银湖 013

　　"人工天河"提升六大引水工程效益 023

第二章　"十年九旱"困罗定 035

　　用水贵如油 037

　　天天"照镜子"的日子 044

　　靠"走三行"保命 050

第三章　治水不止尝甜头 059

　　从小学课文想到 061

"长藤结瓜"，"瓜"香八方 068

第四章　前人没干过的我们干 077
想大的，干大的 079

踏遍青山人未老 086

再难也要干 094

第五章　巧夺天工的设计 099
谁来设计 101

既要敢想，更要科学 108

精准的计算 116

第六章　办法总比困难多 121
穷人的"孩子"巧当家 123

省吃俭用挤一点 134

感动上级给一点 138

第七章 党旗飘扬 ⋯⋯⋯⋯⋯⋯⋯⋯⋯⋯⋯⋯143

一届接着一届干 ⋯⋯⋯⋯⋯⋯⋯⋯⋯⋯145

党员干部身先士卒 ⋯⋯⋯⋯⋯⋯⋯⋯⋯⋯153

一名党员 一面旗帜 ⋯⋯⋯⋯⋯⋯⋯⋯⋯159

入党申请书 ⋯⋯⋯⋯⋯⋯⋯⋯⋯⋯⋯⋯163

发动群众力量无穷 ⋯⋯⋯⋯⋯⋯⋯⋯⋯⋯170

第八章 团结协作力量大 ⋯⋯⋯⋯⋯⋯⋯⋯⋯177

大协作 大会战 ⋯⋯⋯⋯⋯⋯⋯⋯⋯⋯⋯179

报酬再少也要干 ⋯⋯⋯⋯⋯⋯⋯⋯⋯⋯193

个人吃亏是小事 ⋯⋯⋯⋯⋯⋯⋯⋯⋯⋯198

没有受益也要参战 ⋯⋯⋯⋯⋯⋯⋯⋯⋯⋯204

第九章 青年强则工程强 ⋯⋯⋯⋯⋯⋯⋯⋯⋯209

急难险重任务我来挑 ⋯⋯⋯⋯⋯⋯⋯⋯⋯211

我们也要冲在最前头 ⋯⋯⋯⋯⋯⋯⋯⋯⋯224

青年技术人员的质量观 ⋯⋯⋯⋯⋯⋯⋯⋯232

工地爱情 ⋯⋯⋯⋯⋯⋯⋯⋯⋯⋯⋯⋯⋯239

第十章　治水治出金山银山 247

绿水青山 249

稻米飘香 261

投资热土 271

第十一章　历久弥新的精神 275

长岗坡精神 280

精神的力量 295

精神永恒 304

后　记 309

凡　　例

一、书中出现的县、市、区、公社、乡、镇、大队、村、生产队等名称，均按当时称谓记述。

二、行文涉及组织机构、会议、文件、职务、地名等，按当时称谓记述，一般采用全称，用简称者均在第一次使用全称时予以注明。省委、地委、县委、市委、镇委、党支部均指中国共产党的地方组织。

三、引太灌金工程、金银河水库工程、金银河水利枢纽工程、长岗坡水利工程，在此书中统称为长岗坡渡槽枢纽工程。金银河水库、金银湖水库，是同一水库。

四、本书资料、数据，主要来源于《罗定县志》《罗定市志》《罗定市水利志》等书籍，以及罗定市档案局、水务局、农业局、林业局等单位。

五、本书除引用原文外，均以第三人称记述。

六、本书注释，一般采用文中注。

序

    我是中共罗定原县委书记，是长岗坡工程的谋划者、决策者和建设者之一。看过《中国长岗坡》书稿后，心情非常激动，很想说说心里话。

    我 1954 年 2 月加入中国共产党，1960 年 12 月到罗定县工作，先后担任过该县多个公社书记职务，1969 年 3 月起担任罗定县领导职务，1979 年至 1988 年任罗定县委书记，在罗定工作达 28 年之久。如今已是一个 86 岁的老人。

    在这 28 年里，我与罗定干部群众同甘共苦，自力更生，艰苦奋斗，修水利，战旱患，坚持不懈，几十年风雨如一日。在那激情燃烧的岁月里挥洒青春、热血和汗水，对罗定和罗定人民有着深厚的感情，对罗定的水利建设事业终生难忘！

    今年年初，云浮罗定两级市委以罗定长岗坡工程为载体，建设一个党员教育基地，并要编写《中国长岗坡》一书，我听后十分激动，更是非常期待。今天，我怀着兴奋的心情急切地翻开书页，仔细阅读着书中的每一行字句，立时使我心情澎湃，热血沸腾，热泪盈眶。当年长岗坡工程建设工地上那千军万马、浩浩荡荡、赤膊上阵、手推肩挑、争先恐后、不甘示弱的大会战场面，那种大干、苦干、巧干和拼命干的精神面貌，又仿佛一幕一幕地在我眼前浮现，激起我心中思绪万千。

掩卷长思，回想起我到罗定之初，当地虽然已经进行了十多年艰苦卓绝的水利建设，但未能彻底改变罗定苦旱面貌，未能满足罗定农业生产用水以及群众生活用水。因此，进入20世纪70年代后，尤其在我担任该县县委副书记、书记以后，在我心目中的头等大事，就是如何做到承先启后，继往开来，把该县兴修水利，根治旱患的接力棒接好，一张蓝图干到底，一届接着一届干，把彻底改变罗定苦旱面貌这副千斤重担挑起来。当时，我的心情颇似诸葛亮"受命以来，夙夜忧叹，恐托付不效，以伤先帝之明"的感慨，心里想的就是如何做到坚决地担当起来，带领全县干部群众千方百计、竭尽全力把长岗坡工程建设好，并能真正发挥它的效益，彻底改变罗定的苦旱面貌。

长岗坡工程正式投入建设后，我们才发现困难远超预期。怎么办？畏难怕苦、绝无出路，更无成功之日！唯有敢于挑战、迎难而上、敢为人先、艰苦奋斗才是唯一出路。没有图纸自己绘、没有数据自己测、没有道路自己修、没有工具自己造、没有水泥自己做、没有炸药自己制……一句话，就是坚持土法上马，群策群力，苦干巧干、排除万难。经过四年多时间全县干群的艰苦奋斗，长岗坡工程终于建成通水！

人生易老天难老，渡槽长驻青山间。当年，我们不仅追求建设速度，而且更加注重工程质量，虽然是土法上马，但十分讲求科学态度，对工程质量做到一丝不苟，精益求精，所以渡槽运行至今已有37年之久，没有一处漏水，没有经过一次大修，每年把上游近4亿立方米的河水滔滔不绝地输入金银湖水库，彻底解决了8万多亩农田的旱涝保收问题，同时为城区及周边54万多居民提供了优质的生活用水。罗定并先后5次被评为"全国粮食生产先进县（市）"。

上述这些，都已经写进了《中国长岗坡》一书。更值得我高兴和赞赏的是，本书的内容不仅仅是历史的回顾，故事的记叙，就事记事，而且是以事实为依据，以典型故事为代表，夹叙夹议、史论结合，从中提炼出可资今人和后代借鉴的长岗坡精神，从而使全书有了点睛之笔。我觉得编者归纳"敢为人先、艰苦奋斗、善于担当、一心为民"的长岗坡精神是十分贴切和精辟的，具有很好的现实价值和深远意义。

当前，全国上下正在高举习近平新时代中国特色社会主义思想伟大旗帜，阔步走在"进行伟大斗争、建设伟大工程、推进伟大事业、实现伟大梦想"的征程上，尤其是要实现全面小康和现代化建设两个伟大目标，大力弘扬长岗坡精神，也是十分必要和大有裨益的。毛主席说过，"没有一点精神是不行的"。所谓"泰山不让土壤，故能成其大；河海不择细流，故能就其深"，因此《中国长岗坡》一书的出版，或可为今天的建设和事业发展提供一点精神动力和有益启示。

在长岗坡工程建成37年后的今天，习近平总书记在今年十三届全国人大一次会议上向广东提出要"在构建推动经济高质量发展体制机制上走在全国前列、在建设现代化经济体系上走在全国前列、在形成全面开放新格局上走在全国前列、在营造共建共治共享社会治理格局上走在全国前列"的最新要求，我们南粤大地，特别是广大山区、欠发达地区如何弘扬长岗坡精神，真正做到不忘初心，砥砺前行，发挥后发优势，实现更高质量的发展，也可以好好思考，认真借鉴，大力弘扬。

是为序。

李均林

2018 年 6 月 8 日

第一章　奇迹的出现

- "人工天河"长岗坡
- "人工天河"连着金银湖
- "人工天河"提升六大引水工程效益

"人工天河"长岗坡

在中国广东省罗定市一个叫长岗坡的地方，这里四周沃野连绵，青山环抱，一条宛如巨龙的渡槽绵延十里，横亘在青山之间，沃野之上，一头扎进深山，一头隐在云端，首尾不见，蜿蜒盘旋。

巨龙下面，一个个大跨度连拱似长虹卧波，此起彼伏，舒展大气。连拱上并列有序的复合拱，有如一排排队列整齐的雁阵，展翅齐飞，错落有致。又如莲花盛开，孔雀开屏，蔚为壮观。133个巨大墩柱，就如133只坚强有力的龙爪，深深地扎向大地，坚强有力的龙爪支撑着巨龙的身躯，隐现于山野之间。筑起巨龙躯干和爪子的一块块麻石形成一圈圈纹路，像一片片苍劲的龙鳞，在阳光下熠熠生辉。

这就是"人工天河"长岗坡渡槽！在光与影的交相辉映下，渡槽上的滔滔流水在半空中奔跑着、呼啸着流向远方，气势磅礴、雄伟壮丽。

长岗坡渡槽

水利部珠江水利委员会技术咨询中心鉴定：长岗坡渡槽设计引水流量每秒 25 立方米，渡槽总长 5200 米，槽身宽 6 米，高 2.2 米，为肋拱结构，拱的最大跨度 51 米，最大跨高 37 米。在 1980 年以前国内建成的钢筋混凝土肋拱渡槽中，长岗坡渡槽长 5200 米，长度为国内第一。

"人工天河"建成后，连着金银河水库，大大提升了六大引水工程（引太、引镜、引泗、引沙、引连、引替，以下简称"六引"工程）的效益。增加水田灌溉面积 8 万多亩，保障 54 万多居民生活用水。从根本上解决了罗定的旱患和居民生活用水，这是造福罗定 130 多万人民的民生工程。

这样宏伟壮观的水利建筑注定要受世人瞩目，人们称之为"广东红旗渠"，中国最长的"人工天河"。新疆、四川、安徽、福建等 18 个省市的代表，港澳同胞和尼泊尔、孟加拉、越南、老挝等邻近国家的贵宾曾先后来学习考察。面对壮景，各国贵宾都竖起大拇指啧啧称赞："中国人真有本领！"

1979 年 12 月 16 日，国家水电部副部长李伯宁视察长岗坡渡槽后即赋诗一首：

　　罗定儿女多英雄，壮志引太济金银。

　　十里长虹跨长岗，疑是银河落罗平。

"人工天河"这个名字从此打响，"北看红旗渠，南看长岗坡！"这一句响亮的口号，从此广为流传。

人们不禁追问，罗定在哪里？这是一个什么样的地方，竟能建成闻名中外的水利工程？

关于罗定，清代诗人何仁镜是这样介绍的：

　　橹声摇尽一枝柔，溯到康州水更幽。

　　一路青山青不断，青山断处是泷州。

诗中所说的泷州，就是今天的罗定市，它位于广

外国工程技术人员考察长岗坡渡槽

东省中部偏西，与广西岑溪市交界，是大西南地区通往珠三角的一个重要门户，是广东镇守西南的一个军事重镇，史称"抚绥重地，门庭钜防"。

罗定的建制历史悠久。距今 1600 年前的晋朝就设龙乡县，后称谓不断变更，隋朝开皇十八年（598 年）置泷水县。明朝万历五年（1557 年），当政者派出 10 万大军征剿罗旁地区瑶民起义，报书上表朝廷"罗旁平定、东安西宁"。朝廷在泷水县置直隶州，取罗旁平定之意，名为罗定州，罗定之名从此而起。

罗定的历史还可以追溯到春秋战国时期，甚至更久远。历史的沉淀，在这片大地上留下了无数的故事和传说，也留下了许许多多的名胜古迹与文物保护单位。长岗坡渡槽所在的罗平镇，有一个横垌村，考古人员在村中一个叫背夫山的地方，发现大型战国墓葬，其墓主人就是史称的"百粤之君"。墓中出土的战国青铜鉴、青铜镰等大量文物可以证明，在2400多年前，罗定曾经创造过辉煌的远古文明。在罗定出土的双肩石铲等文物表明，远在一万年前的新石器时期，已有人类在罗定大地上生息繁衍。

古风悠悠，传承千古，精神熠熠，光启万代。罗定的远古故事璀璨动人，有许多美丽动人的传说等待着人们去挖掘、去书写、去追寻。

抗日名将蔡廷锴将军，这位从大山里走出去的罗定人，在那个风云际会、云谲波诡的时代，在那个强敌环伺、剑拔弩张的紧急关头，在国家与民族生死存亡、危如累卵的时刻，蔡廷锴挺身而出，率领三罗（三罗，泛指当时的罗定、云浮、郁南三县）子弟血染上海滩。他率领的十九路军在上海淞沪以肉为盾，将外敌顽强地堵住、打退、挫败！

历史记住了这个时刻，人们记住了十九路军，记住了罗定蔡将军！

历史长河，由远及近，罗定有太多的前贤先哲值得铭记，也有许多让人振奋的动人故事，代代传颂。人们同样不会忘记发生在 20 世纪中叶的罗定水利建设事业，尤其是这条彻底改变罗定历史与命运的"人工天河"——长岗坡渡槽！

从 1976 年 11 月开始动工，到 1981 年 2 月竣工，历时 4 年零 2 个月，1500 多个日日夜夜，4 万多名建设者，他们用自己的汗与血，用自己的智慧与力量，贯通了这条生命源泉。从此，来自罗镜河、太平河的甘泉就源源不断地从天际流过，再汇聚到金银河水库。罗定人民不再担惊受怕老天作弄成旱，罗定城乡的千家万户有了清洁的饮用水源，也有了电灯照明。

我们可以想象，渡槽竣工通水的那天，人们奔走相告，扶老携幼，看着、捧着从远方引来的河水，那会是怎样的一种心情。可惜，我们再不可能还原当年那万人空巷、动人心魄的一幕，但是在当代散文家、花城出版社田瑛先生的动情描写中，还是可以体会到那一种激动与喜悦：

　　我记下的是某一个村庄的真实场景：所有的人一概脱光了鞋，卷起裤腿，一溜赤足悬吊，排坐在槽沿上——祖祖辈辈，走不完的干旱路，今天就要到此终结，他们首先要用脚接受水的洗礼，有的顽童还说要痛痛快快洗个澡。一位双目失明的老人被人搀扶着也来到现场，有人说你眼睛看不见，来做什么？他说我来听水，于是把耳朵紧贴着槽壁凝神谛听。正是他，最先报告了水的讯息，连声说水来了、水来了！果然，从不远处的上游，传来了另一个村人的欢呼声，紧接着，渠水就哗啦啦涌到了跟前。用欣喜若狂远远不能形容当时人们的心情，沿途若干个村庄莫不如此：欢呼声如击鼓传花般此起彼伏，一浪高过一浪，且经久不息。

自 1981 年通水以来，长岗坡渡槽经历风风雨雨，日夜饱受水流冲刷，仍以其厚朴庄重和坚实严密的姿态岿然不动。到现在为止，渡槽没出现过一处渗漏，没有进行过一次大修，青春依旧，滚滚流水如昔，每年把近 4 亿立方米的河水横空输送到金银河水库，它已经流过了相当于 1057 个杭州西湖的水量。

时光荏苒，岁月悠悠，有多少的物是人非。天地里，唯有江山不老，几十年过去了，长岗坡渡槽依然在迸发青春与活力，它的故事让世人去传颂，它的功业由世人去评说。

2011年8月19日，时任中共中央政治局委员、广东省委书记汪洋在全省水利工作会议上的讲话中专门提到罗定长岗坡渡槽，他说："社会主义建设初期，全省上下积极响应党中央号召，大兴水利建设，在条件艰苦的情况下，建成了有'广东红旗渠'之称的罗定长岗坡渡槽等一批至今仍发挥重要作用的水利设施。当年水利建设这种昼夜奋战的场景，正是发挥党的群众路线优势的生动印证。"（《粤办通报》2011年第29期）

"不管我身在哪方，心目中最美丽的风景，就是家乡的那条渡槽。"这是2003年8月，美国传奇人物、共和党亚裔领袖陈本昌回家乡罗定参加庆典活动之后，带随行的外国友人专门到长岗坡渡槽参观时说的一番话。赤子情怀，可见一斑。故土深情，溢于言表！

国务院第三次全国文物普查领导小组办公室从全国新发现的近50万处不可移动文物中，遴选了165项重要发现，汇编成《2009年第三次全国文物普查重要新发现》并予以公布，长岗坡渡槽名列其中。2012年10月20日，广东省人民政府发出《关于公

长岗坡渡槽被列为广东省文物保护单位

布第七批广东省文物保护单位的通知》，罗定长岗坡渡槽位列其中，成为广东省文物保护单位。2018 年 3 月，广东省委宣传部确定长岗坡渡槽为首批广东省红色革命遗址重点建设示范点之一。

时逢盛世，国泰民安。习近平总书记非常重视用红色基因加强对党员干部的教育，告诫全党要"不忘初心、牢记使命"，把红色基因融入血脉，在传承党的红色基因中坚定理想信念。长岗坡渡槽，它承载的历史价值与精神实质，与"红船精神"一脉相承。它就是传承红色基因最具代表性的载体！越来越多的人都想知道，当年的长岗坡，到底发生了什么事情，当年的党员干部如何万众一心，众志成城，建起了全国第一的人工渡槽。于是，党员干部、人民群众不约而同蜂拥而至，来到长岗坡，观赏渡槽，追寻它的历史与传奇，去探索、挖掘在它身上传承着的红色基因。

"人工天河"连着金银湖

十里长虹，滔滔向前。

在渡槽隐没的地方，叫花鹿坑，渡槽的流水就在这里穿山而过，然后流经一段狭长的渠道，向前奔涌，流向云桂山脚下，流向金银河水库。人们溯水寻觅，只见水流逐渐平缓，水面越来越开阔，顷刻之间，只见碧波万顷，有如一块镶嵌在连绵青山中的巨大碧玉。

为了充分发挥长岗坡渡槽的效益，罗定人在云桂山麓修筑一个水库——金银河水库，让高峡出平湖。

一个巨型水库，一条悠长渡槽，两者紧密相连，并在这里完美结合，形成一个宏伟的人工杰作，呈现出一番新景象。

站立云桂山最高点眺望金银河，波光粼粼，湖光山色相互掩映。座座小山在湖中如星罗棋布，像一块狭长的碧玉里镶嵌着颗颗明珠。山在湖中，碧波环

金银河水库

绕；日照其中，浮光跃金；湖面平静，一碧万顷。如果仔细观看，你还会惊奇地发现，湖水一边的水色金黄，一边的水色银白，黄白分明，两种不同颜色的水，构成了独特的"银河浮金"奇景。

山水之美，尽在其中，人文之美，却更为厚重。伫立湖边，清风拂面。陶醉之间，有多少人可以想象得到，在40多年前，这里会是一个千军万马鏖战、全县上下干群协作的大会战场景？

很多人都不知道，很多人更没有见到，但是当年的民工黎群芳他们见过。

1975年10月的一天，参加金银河水库建设的民工们一大早就浩浩荡荡往工地赶。生江公社碗窑大队的黎群芳扛着工具和乡亲们一起出发了，她惊奇地发现，路上的民工越汇越多，本村的、邻村的，熟悉的、不熟悉的，都来了。看来，这个工程可不简单啊！

还未到工地，黎群芳便隐隐约约地听到了大喇叭播放着那首熟悉的《军民大生产》，歌声越来越响亮，越来越清晰。很快，她便登上了小山坡，一下子就被眼前的景象惊呆了。

只见漫山的红旗，猎猎作响，写着"山山水水重安排　全面规划学大寨""战天斗地学大寨　干部群众齐心干""争分夺秒抢时间　移山筑坝争上游""比学赶帮齐奋战　鼓足干劲争上游""妇女能顶半边天　敢教山河换新颜"等一条条标语。参加劳动的人密密麻麻，有的扛着锄头、钢钎，有的挑着扁担箩筐，有的拉着板车，有的开着手扶拖拉机，一群接一群，一队接一队。那场面怕不下万人，再向坝底看，下面更是人流如织，人声鼎沸。"蚂蚁啃骨头"！这个词语一瞬间涌上黎群芳的心头。

黎群芳在娘家的时候，也曾多次参加过修筑水渠的群众运动，但与现在这个场面相比简直是小巫见大巫，这到底是要做多大的水利工程啊！

那些远远近近的人们都开始动起来的时候，她还呆在原地，身旁的人轻轻捅了一下她的后背，"不要看了，开工啦！"这时她才发觉，丈夫廖尖尚已经拖着大板车往山上去了，她赶忙追了上去。

这场面令人动容，这场面必定会刻印在人们的记忆深处，这场面注定会载入史册！

罗定兴修水利的历史可以回溯到更远的年代，其发展历程本身就是一部与旱魔斗争的历史。

沧海桑田，弹指一挥间。在滚滚的历史尘烟中拾掇，而这些兴修水利的诗篇，罗定人不断书写着。截至20世纪70年代初期，罗定的水利建设就已经取得令人瞩目的成就，"六引"工程已经浇遍全县南北西东，"长藤结瓜 引蓄结合"的治水模式已经名动全国。

然而一个不争的事实就是，还有生江、素龙、罗城、双东等中部片区的8万多亩耕地还是"如饥似渴"。如何能够建设一个更大更系统的水利工程，彻底解决罗定旱患是民心所盼，在县委主要领导的心中，亦已隐约形成了一个宏伟蓝图。

要根本解决罗定中部片区的旱患，就要在云桂山麓金银坑一带做文章！当时的县委书记郭荣昌深入调

研，多方征求意见，他深入了解了关于金银坑 5 个小
型水库的情况。他想让金银坑变成罗定人真正的金银
湖，让这个聚宝盆发挥它的最大效益，于是，他酝酿
着"引太灌金"工程的宏大构想。

就这样，长岗坡渡槽枢纽工程摆上了县委工作的
主要议事日程。

这是一个庞大而艰巨的任务，当中包括金银河水
库工程，长岗坡渡槽工程，"引太"渠道扩建工程，
罗光水库工程和新"引镜"工程等五大工程。金银河
水库还要配套建设一级、二级水电站、灌区的一条总
干渠和五条分干渠。

蓝图是宏大的，实现是艰巨的。

各公社民工在水利建设工地

来自各公社的数万民工，在各个公社、大队、生产队的组织带领下浩浩荡荡开进金银河水库建设现场，挖土方，运石头，筑坝基。共挖土方 156.4 万立方米，石方 7.75 万立方米，将原有的库区扩容，筑起坝高 54.5 米的主坝和坝高 32 米的副坝。

九层之台，起于累土，金银之湖，始于筑基。

今天我们依然能从亲历者的回忆里去找寻一些往日的足迹，捡拾他们已经尘封的心灵轨迹。

素龙大甲的张定新，在金银河水库工程开工之初，他便是工地指挥部资料员。那段工地生活给了他毕生难忘的回忆。他时常感慨地说，人民群众真了不起，共产党真伟大！

的确，历史早已证明，任何的大型工程都少不了党组织的领导，少不了人民群众的踊跃参与。要填土筑坝，所填之土石均要从附近山头挖，靠肩挑靠车推。筑坝基的泥土有严格要求，必须是黄泥黏土，水库山头表层是黄泥，再挖几十公分便是白沙泥，不符合要求，只好再去较远一点的山头挖来黄泥。一担担、一车车、一方方，就靠人力和简单的工具，靠的就是"敢教日月换新天"的勇气和毅力。

金银河工地不远的碗窑大队，每村每户都住进了来自全县各处的民工，村民廖继芳的家，一次就住进了 115 名民工。这是一座两进的青砖大屋，分两层，共 20 间房子。房屋正面外墙上，粉刷着"鼓足干劲力争上游　多快好省建设社会主义"一行大字，现在还清晰可见。

附城公社星光大队黄文通，他在工地用大板车拉泥，从山顶一直拉到水库坝基。这段路又长、又陡，之字形行进，九曲十三弯，来来往往的车队人流熙熙攘攘，虽然大家尽量遵守秩序，讲礼让，但山高路陡，一不小心就会翻车，发生车毁人伤的事故。黄文通刚刚高中毕业，身体单薄，拉大板车也是第一次，他感到非常吃力。第一天拉了 10 车泥，就已经觉得身体像散了架一样。

苹塘龙吉的梁雄杰也是在工地拉大板车，有一次，来自船步公社的一名民兵不小心在山顶上脱手翻了车，他当时站在山脚，猛然听到身边的人大声叫着"让开，阿梁，快让开啊！"只见大板车像一个庞然大物，从山头朝他的方向翻滚下来，夹着风声，夹着碎石泥渣，左摇右摆地向下滚落。在那千钧一发之际，他马上制停自己手上的大板车，然后往边上纵身一跃跳开了，轰隆一声巨响，两部车在电光火石之间

长岗坡工程工地一角

刚好撞在一起，非常骇人。周围的人赶紧涌了过来，
现场一下子非常混乱。大家见到梁雄杰拍了拍身上的
泥土，狼狈地站了起来，才长舒一口气，异口同声地
说："你小子命真大呀。"以后每每想起这件事，梁雄
杰都非常后怕。命运或许就在那一刻发生变化，你说
能不害怕吗？

害怕也要干！人们的念头只是坚持再坚持，直到

工程的完成。

黎少公社泗片大队大花生产队的姑娘曾秋英，高中毕业在生产队务农两年后，22岁的她主动报名投身到金银河水库建设大军中。凭着力气大，人勤手快，工地广播经常表扬她，她很快就声名鹊起。

一次，由于她跑得过快，载满黄泥的车子突然侧翻，连车带泥覆盖在她的身上，工友们见状马上把车搬开。她起来后，拂开衣服上的泥土，又继续拉车跟在浩浩荡荡的车队中往山上取泥去了。她在金银河水库建设工地干了一年多，突然患了急性黄疸肝炎病。但她没有声张，带着病坚持留在工地上奋战，直到病倒在工地上。回家养病期间，曾秋英还念念不忘金银河水库建设，对前来看望她的工友们说："等我的病好了，我要重返水库工地，和大家一起拉车运泥筑坝基。"可是，她说完这话的第三天，就在医院病故了，她的年龄永远定格在23岁的青春年华上。弥留之际，她双手紧紧抓住护士的手，说的最后一句话还是："我要回工地拉车……"

在金银河水库建设中，参与建设的民工故事还有很多很多，令人毕生难忘。

从1975年开建，到1984年整个工程完工，足足

9 年时间，正是多年的艰辛努力，才建成了库容常年保持在 3200 万立方米的金银河水库。

河水从罗镜河、太平河而来，通过长岗坡渡槽向前奔涌，到达金银河水库，在群山环绕中，呈现出一个人工大湖，一个使罗定实现旱涝保收的金银之湖。

人们形象地说，谷是金黄，米是银白，人们一早就把这一泓碧波看作是幸福之泉，寄望这湖水源远流长，带来五谷丰登，所以称作金银河。

"人工天河"提升六大
引水工程效益

在修建"人工天河"长岗坡渡槽之前，罗定已经修建"六引"工程。长岗坡工程的建设，目的就是要进一步完善罗定水利网络，提升"六大"引水工程的效益。

国运兴，罗定兴。1949 年 10 月 29 日，罗定县迎来解放，新成立的罗定县委深知首要任务就是发动群众筑山塘、修水利，改变干旱状况。1950 年冬天，罗平牛路迳水库开始建设，这是新中国成立后罗定县第一个水库，1951 年春，牛路迳水库建成。1953 年，建成围底陀冲虾山水库和罗镜塘冲石门坑水库，全县共建成大小水库、塘坝 102 宗。

赵连仲，是一位南下干部，他于 1954 年 10 月任罗定县委第一书记。上任后，通过深入调研和听取汇报，赵连仲很快明白罗定这个饱受苦旱的地方，单靠搞山塘水库不足以解决旱患，必须大搞水利工程才能

罗定县第一届人民代表大会提出要大力开展水利建设

解决实际问题。

1955年，罗定干旱时间长达8个月，全县受旱稻田达24万亩，严重受旱20万亩。这个时候，全县各处迅速掀起抗旱热潮，罗定县委办公室干部章国栋看到不少地方在抗旱中积累了先进经验，并取得了成效。尤其是当他看到黎少赤岭乡潘仕高带领群众支援横岗河上游筑坝引水解决了3000亩农田灌溉的时候，他掩抑不住内心的激动，立即奋笔疾书，写下了《鞭山赶石　引水环山》的通讯报道，很快就在《南方日报》刊登了。这篇报道启发了罗定人，也让赵连仲坚定了大修水利的决心。这篇文章一直使读者难以忘怀，大家认为这是反映罗定水利建设的自豪之作。

旱情迫使着党政领导不断反思，促使他们不断积极作为。为了响应党中央提出的"大力发动群众修水利"方针政策，罗定县委很快就制定了"罗定县1956年至1962年水利建设规划"，在全县掀起水利建设的高潮。

在赵连仲的大力倡导下，罗定先后上马"引太""引泗""引沙""引镜""引连"等引水骨干工程，加上由郁南县修建移交罗定的"引替"水利工程，这就是人们所说的"六引"工程。这"六引"工程，是罗定水利的鸿篇巨制，更是罗定自新中国成立后大兴水利的成功典范。

"引太"工程动工了。受旱已久的民众积极主动上阵，工地上，民工们用肩膀挑着装满泥土的竹箕，不时大声齐唱《要让河水上山坡》的歌曲：

> 嘿哟嘿哟嘿嘿哟，嘿哟嘿哟嘿嘿哟，要让河水上山坡，要让山溪变成河，你挖泥啊我担土，沙泥满筐歌满箩。

> 嘿哟嘿哟嘿嘿哟，嘿哟嘿哟嘿嘿哟，要让河水上山坡，要让山溪变成河，你搬泥啊我筑坝，大堤转眼穿过河。

"引太"拦河工程

　　嘿哟嘿哟嘿嘿哟，嘿哟嘿哟嘿嘿哟，要让河水上山坡，要让山溪变成河，三面红旗迎风飘啊，跃进歌声震山河，跃进歌声震山河。

　　从 1957 年 1 月开始建设到 1958 年 4 月，"引太"工程建成通水，这是罗定近代水利史上第一个引水工程的尝试，由本土技术员陈汝甲等担任规划设计并且获得成功，这也是罗定水利建设史上的一个飞跃。"引太"工程渠首要筑拦河坝，1957 年经广东省工程局地质人员鉴定，坝基地质为花岗岩，认为地质条件甚为优良。河底高程 97.02 米，坝顶高程 106.72 米，坝长 75 米，坝高 9.7 米。这是罗定县第一座混凝土重力坝，进水口采用平板闸门，螺杆启闭机开关。

"引太"水利工程建成后，太平河水源源不断地流向旱区，一直流进了素龙公社的马兰、岗咀等大队。村民陈启志刚刚插完秧，坐在田头抽烟，一边看着绿油油的禾苗，感叹地说："过去没水，别人插秧，我们'种禾'，真是旱怕了，以后再也不用担心受旱了。"

他于是动情地唱起歌来：

> 引太河水上山坡，
>
> 解决旱患粮食多。
>
> 昔日愁容再不见，
>
> 今朝社员乐唱歌。

1957 年秋天的一个下午，秋高气爽，县委书记赵连仲坐在他的办公室里苦思冥想，"引太"工程正在如火如荼建设之中，县里南片的旱情很快就能解决了，而西片的旱局，怎么办？一个念头猛然涌上心头，泗纶有条河流，建设"引泗"水利工程！

"引泗"工程，就是把泗纶河水引到县中北部灌溉农田。1957 年冬天，由县水利局组织勘测人员，肇庆地区水电局派出工作组支援协助测量设计工作，并借鉴"引太"工程的经验建设"引泗"工程。

1958年2月，"引泗"工程正式动工，拦河坝设在泗纶区连城乡永寿古寺右侧泗纶河，距县城31公里，距泗纶圩2公里，泗纶河属罗定江的支流，"引泗"工程是罗定县继"引太"工程后兴建较大的引水工程之一。

"引泗"工程的六家渡槽开创了罗定渡槽的历史，这是罗定建设的第一座钢筋混凝土双悬臂式渡槽，一座单跨50米双悬臂式钢筋混凝土渡槽，横跨在险峻的河岸悬崖峭壁间，河水通过渡槽流向对岸，再流向远方。

1960年2月，"引泗"工程通水了，河水上山，滔滔奔流。"引泗"工程共完成土方420万立方米，石方80万立方米，投放劳动力300万工日。引水渠经过泗纶、黎少、连州、生江、素龙、附城、罗城七个公社，灌溉耕地5.2万亩。当地农民都笑了。自古以来，饱受旱患之苦的农民，今天有清澈之水沿水渠流到家门口，流到田野，怎么会不高兴呢？

素龙公社沙豪岗大队庙岗底生产队曾庆球，指着奔流不息的渠水说："我们的水利建设速度确实很快，

"引沙"拦河工程

快得简直不敢相信自己的眼睛。共产党啊，领导有方，真伟大。我们老百姓啊，真有福气！"

有一首关于"引泗"水利建设的诗歌，是这样写的：

层层梯田层层水，

黄土光山变良田。

当代愚公多奇志，

改天换地斗志坚。

罗定人还在不断努力，"引沙"工程也启动了。因该河称"沙罗河"故名"引沙"工程，灌区渠道由信宜思贺佛子岭起经船步、莳塘、罗平、围底、苹塘、华石，灌溉 6 个公社的大部分耕地、渠首拦河坝以上集水面积达 198.7 平方公里。

1957 年 5 月，广东省水利设计院派简善炯等 2 人，与罗定县水利局陈汝甲等技术力量组成勘测调查组进行了查勘、选线、初测、规划、调查等工作，根据具体地形进行规划。

1958 年 5 月 15 日，"引沙"工程正式动工。建设大军遇山劈山，遇农田则架建渡槽，用锄头、钊、铁钎、竹箕、扁担等这些农民常用工具，用土办法把水渠开挖出来。

莳塘公社的莳南等 4 个大队社员参加了"引沙"水利工程建设，在"引沙"工程的建设过程中，社员们还自己创作了歌曲："沙莳河水响哇哇，引沙工程开了花，千军万马日夜战，誓把荒地变良田……"当地人还把这首歌刻在一座石山上。

作为"六引"工程中唯一一个跨县引水工程，"引镇"工程有着独特的历史意义。1958 年 11 月罗定县与郁南县合并为罗南县，1959 年 1 月罗南县改名为罗定县，1961 年 4 月又恢复为罗定县、郁南县。这个时候开始，镇滨（原郁南六区）划归罗定县管辖，因而"引镜"工程成了跨县工程，由郁南县建设交罗定县管理。

此时，"引镜""引连"工程也分别上马。

"引镜"工程位于罗定县南部罗镜公社，工程于1958年10月动工兴建，至1959年8月建成，水渠所到罗镜、太平公社相关大队，1.2万亩农田旱情彻底解决，哗哗河水上山坡，农民从此乐呵呵。

"引连"工程位于罗定县中部偏西的连州公社，于1964年建成，连州、生江两个公社的农田从此实现了旱涝保收。

在"六引"工程建设过程中，工程建到哪里，群众就干到哪里。工程完成后，守候在田间的农民一改以往为水而愁的苦脸，个个笑逐颜开。人们站在高处张望，只见在青青的山冈上，绿油油的田野中，一条条水渠如玉带环山，一个个人工水库星罗棋布，渡槽水管遍及山间田野，一座座水轮泵抽水上山，浇灌着层层梯田。

"六引"工程既相互呼应，又自成体系，且与全县蓄水工程紧密相连，把罗定的山水全盘活了。从南到北、从东到西，灌溉面积不断增加，让罗定良田挂绿，让稻米飘香，让幸福长驻心间。

　　面对壮观的建设场面，面对宏伟的水利工程，面对竣工通水后的村庄稻田，不少民间歌手用罗定山歌来表达他们的所见所闻所思。有歌手目睹罗定水利建设的成就，看到哗哗的引水流到自己村庄，于是放声歌唱：

> 县委带头确一流，
> 引水工程到村后。
> 旱局此去不复返，
> 滔滔河水上山头。

　　村前村后，山上山下，都有了水，这是村民们世世代代都不敢想的事，如果不是共产党的领导，不是县委的正确决策，不是人民群众的积极参与，这个梦想哪里会实现？

　　又是一个丰收的季节，村中歌手望着金灿灿的稻田，触景生情，歌唱：

> 罗定农民乐悠悠，
> 水稻增产不用愁。
> 村村稻田丰收景，
> 年年治水尝甜头。

　　从"六引"工程到长岗坡渡槽枢纽工程，罗定县委带领罗定人民在治水的道路上一步一个脚印，一年

罗定县水利工程建设现状图

云浮县

春阳县

郁南县

广西壮族自治区

信宜县

金鸡

狮子头 286

繁木坑 128

龙须坑 261

大湳 211

同庆庙 195

人木坑 311

五胬塘 298

城围 176

寻龙塘 176

山田 850

大石塘 233

山岡水库 F 187.5 V 41.0

双垌 208

石围塘

华东双塔南都乐溪新榜

大坝口 121 ★ 罗城镇

金银河水库 F 18.0 V 3200 H 54.5

罗平太平川

文塔引太大黄 144

生江

船步

云霄 658

引太

河石 250 Q 0.8 Q 0.66

黎少

榕渡 35 Q 0.5 Q 0.3

罗镜

三友坑 184

新引镜

镜义

Q 199.1 Q 3.2 Q 5.9

Q 266.6 Q 16 Q 6.0

思甲 211 林垌 27

六逢 276 F 4.5 Q 5.2

引潭

华石塘 720

引深

新分

界

F 131.1 F 2.2 Q 1.3

旧引镜

三滘 132

F 278 Q 16 Q 6.5

都门

泗纶

湘洞水库

引洞

F 42.1 V 316 H 53.9

罗光水库 F 38.7 V 1600 H 141.5

加益扶合

南充 168

133

图例

县政府驻地 ★

省界

县界

镇界

河流

中型水库 ◐

小（一）型水库 ◐

引水陂头 ●

渡槽渠道

比例 1/400000 日期 1989.9

1989年绘制的罗定县水利工程建设现状图

一个台阶，创造了罗定水利建设史上的一个又一个奇迹，使"十年九旱"的罗定，变成了旱涝保收的"天府之国"。

第二章 "十年九旱"困罗定

- · 用水贵如油
- · 天天"照镜子"的日子
- · 靠"走三行"保命

用水贵如油

山上不长草，黄泥往下倒。

若要保老命，举家往外逃。

这是一首描写罗定"十年九旱"的民谣，新中国成立前后在罗定县内广为流传。

为什么罗定的苦旱灾害如此严重？这是因为罗定的地理条件所致。

罗定居西江之南，云雾山北侧，云开大山南面，被两个山脉夹在中间，地势由西南向东北倾斜，是广东省两个降雨量最少的地区之一，中部和南部有两个低丘盆地，分别为480平方公里和180平方公里，罗定的稻田主要分布在这两个低丘盆地上。

盆地内分布有被河道和溪渠切割而形成的零星破碎的低、中丘陵山地。这些孤立丘陵，其中间活冲沟发育，再加上罗定地处北回归线以南，受亚热带季风气候影响，夏季高温多雨、冬季低温少雨的气候特征决定了这个地方常常会出现有涝有旱、旱多涝少的自然灾害。

罗定的地方志等文献有过这样的记载：

清咸丰七年（1857 年），立秋未雨，米大贵，每升百钱；清光绪十二年（1886 年），秋大旱，井潭皆涸；清光绪二十八年（1902 年），秋大旱，饥，斗米千钱。仅短短数十字就将当年旱灾苦况刻画出来。

民国三十二年（1943 年），大旱，禾苗干枯，禾稻失收，农民逃荒，食草根树皮，奸民贩卖人肉。

民国三十五年（1946 年），天大旱，全县早造水稻只插植 5 万多亩，有 30 万亩农田插不下秧，80%以上的稻田歉收或失收。农民有的饿死，有的逃荒乞食，有的甚至卖儿卖女。当时，全县外出逃荒 6 万多人，饿死 1 万人，甚至出现人吃人的惨事，仅素龙区因饿而死有数可查的便有 3029 人，巽令、竹寨等 7 个自然村，几乎全部人都逃荒了，双东乡古响村饿死 54 人，逃荒 43 户，卖儿卖女 16 户，弃婴 21 户……（罗定县水利电力局编：《罗定县水利志》1990 年 5 月，第 44 页）

素龙潭井人梁朝彬诗云：

泷江苦旱秋，浅水见鱼游。

新中国成立前，罗定逃荒难民

仙馆无浮绿，神滩锁断流。

渡公歌枕席，渔父叹沙洲。

问句天知否，黎民多少愁？

还有人写了一首《罗定灾荒》诗：

抗战复员民未苏，灾荒何忍看桑榆。

亲朋已乏知生死，邻里鲜能通有无。

频看沿途将子弃，惊闻僻野宰人沽。

劈笺报与朱门者，试问于心动否乎？

气候变化无常，农田水利基础设施非常薄弱，素龙等8个公社的低矮丘陵高亢田地，全靠天降雨水，称为"望天田"，罗平、华石、生江更有乡村自命名为"望天村""望天岗"。

素龙的大甲村和凤西村离河道较远，遇旱水塘干枯，水井无水或汶水甚少，有的泉眼只有一支香烟大小，村民要用木将井围起来，派人守护，村民轮流排队等水，排不到的要到几里路外的河边担水。凤西羊塘头村的群众要到数里外的黄芄河边担水，所以民间很早就有"有女唔嫁羊塘头，清水当生油"的说法，罗城的石围谭屋岗也流传着"谭屋岗，清水当作猪肉汤"的民谣。

双东公社白荷大队烟墩生产队，1963年水稻全部失收，全生产队有400多人，仅靠一口水井维持生计，而水井泉眼来水缓慢，村民只好舀一壳水等一会儿，再舀第二壳水，又等一会儿，然后舀第三壳水，如此反反复复，等候一担水，要20多分钟。每天凌晨1时，村民开始排队取水。村中群众曾经用钢钎把水井打深至7米多，泉眼水量依然如旧。村民在村内四处寻找水源打井，最终无功而返。村民冲凉、洗衣服等用水则要到1公里之外的泷江河挑水回来。

如何解决用水问题，太平公社流传着这样的民谣："石磨冲凉黄泥档，粥勺分水猴子岗，睡不着觉木虱埔……"

太平公社木利大队新生村，由于缺水，祖祖辈辈只好在石磨上冲凉。这种无奈之举，就是为了节约用水。人冲凉时从石磨上流下来的水，用水桶贮起来，作农用水使用。

有一年，新生村王家男子娶了加益公社清水村女子为妻，新婚当晚，王家亚婶叫新娘冲凉。

王亚婶把新娘带到屋边的简易冲凉房，里面有一座石磨，并准备好一桶冲凉温水。新娘看见石磨，不知道是怎么一回事。

王亚婶说："新娘，你就蹲在石磨上冲凉吧。"

新娘问："为什么要我蹲在石磨上冲凉？"

王亚婶说："我们村里长期缺水，所以要把冲凉后的水流回到下面水桶，作为淋农作物用水。"

在石磨上冲凉的新娘，羞羞答答，在她的人生中还是第一次，感到很奇怪，也感到很委屈。她一边冲凉，一边在想，人生路漫漫，这样蹲在石磨上冲凉，到哪天是个尽头呀！新娘越想越难过，一边冲凉，一边流泪。

可是，新娘还不知道，如果能够经常在石磨上冲凉，已经十分难得。一般情况下，村民要好几天才能冲凉一次。

"山上用水贵如油，山下河水白白流。"这又是罗定的一个真实写照。水利设施滞后，缺少水库贮水，每逢下大雨、暴雨，洪水向下游急泻，滔滔而去，使山下河水白白流走，甚至造成洪灾，危及人民的生命财产安全。

民国三十六年（1947年），山洪暴发，罗定县受灾农田3.09万亩，7500人受灾，损失稻谷6.18万担，塌房396间，死亡13人，溺死牲畜287头。

1972年11月8日，第20号台风袭击罗定，县内各地普遍降了大雨到暴雨，多数公社降雨量达到150毫米，太平、罗镜、分界、苹塘等公社为200毫米以上，全县受灾2401户，10960人，房屋倒塌5519间。这场洪灾全县死亡39人，损失耕牛172头，生猪1273头，受浸晚稻11.38万亩，受浸农作物1.89万亩。

洪涝灾害的打击可瞬间毁灭房屋、农田和生命。长年的旱灾，人们长时间受缺粮的苦困，漫长的煎熬、饥饿将人折磨得骨瘦如柴，不似人形。旱灾与涝灾，犹如随时徘徊在人们身边的恶魔，成为一代又一代罗定人不堪面对而又无法逃避的痛苦。

天天"照镜子"的日子

　　罗定的穷苦，最突出的表现是长年吃稀粥，因为人多田少，遇上天旱或涝灾，更是颗粒无收，粮食匮乏，家境困迫，唯有天天吃稀粥勉强度日。人们每天喝着"清清粥水"，有如"天天照镜子"，"照"出自己的饥瘦面容。

　　罗镜公社有一名男青年，因为一贫如洗，缺米少粮，年近 30 岁了也娶不上老婆，于是便找到姑妈，请她帮忙物色对象。那时候很少自由恋爱和自主相亲，大多靠媒婆一张嘴。男青年的姑妈本身就是媒婆，她向一位姑娘介绍了青年的许多好处。姑娘也是生长在穷苦人家，平时吃不饱穿不暖，于是便问起青年家里吃饭的情况来，媒婆便说："你放心吧，足足三餐。"姑娘便满心欢喜地答应婚事，谁知到了男家才知道，媒婆口中的"足足三餐"，其实是"粥足三餐"呀！

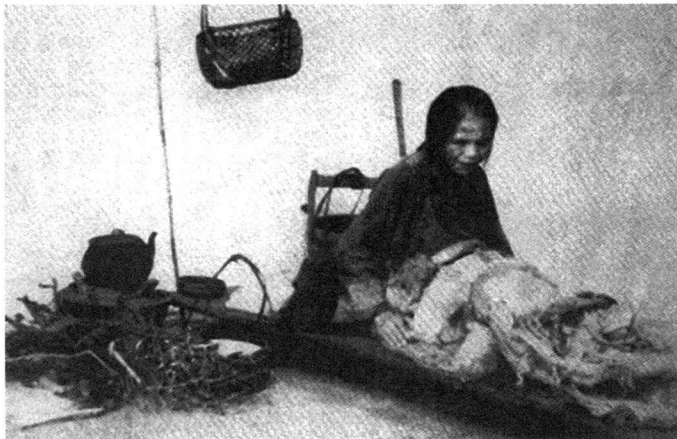

新中国成立前，吃不饱穿不暖生活的真实写照

这个故事，说明了日日喝稀粥如天天"照镜子"，就是那个年代的真实写照。食品短缺，不足以糊口，一户四五口之家，一造才收两三担稻谷，大多数家庭一个月也未能吃到一餐饭，就靠喝稀粥度日。

民国三十二年（1943年），罗定人口33万，有稻田25万亩，平均亩产不足300斤。如果不扣除征缴，平均每人每月也只不过是13斤大米。更为严重的是粮赋征集并未停止，而且逐年增加。当年罗定要征缴稻谷4万担，农民向地主租田耕种，收割时地主亲自到田间监视，收谷当即四六分成，农民的六成还要交纳赋税。

受到战事的影响，又逢天旱，罗定出现了严重的粮荒。当时政府称，"查本县粮食，每年产销比较，原属不敷，昔年向赖洋米及邻省国米接济，现以战事影响，洋米来源已绝，邻省国米又未能大量输入。"要求农户自备杂粮、野菜。

面对饥饿，人们无力抗争，穷日子也要过，只好苦中作乐。一些文化人编成《泷州歌》自嘲，如其中一首《穷到极》：

　　无可奈何少两文，粥水清清照见人。

　　筷子挑挑无粒米，眯埋双眼囫囵吞。

因为缺粮，煮出来的是清清粥水，苦难的人们以歌来唱出生活的艰难、日子的难熬。听到这样的歌声只能是悲苦难受。

下面几首苦情歌，生动地记录了当年那些苦难的生活。

《米升挂在担挑头》

　　食冇有，着冇有，米升挂在担挑头。

　　日间斩柴夜煲粥，几时挨过这年头？

《苦情歌》

　　冇心机，冇心机，日子又长粥又稀。

揸米落镬三勺水，洗得碗来肚又饥！

冇心机，冇心机，日子又长粥又稀。

筷子撩撩无粒米，肚饿难抵点织机？

《唱稀粥》

水咁多来米咁稀，分明照见我须儿。

汪汪流入喉中去，三十二牙总不知。

《揾食难》

柴贱又兼米又贵，实难解决食问题。

真难揾钱籴升米，三餐无法来护胃。

盐油没有亦好闲，唔悭迫着都要悭。

揾得朝来又冇晏，断了餐，

揾食确艰难，唉！吊紧条命捞世间。

如果久旱逢甘露，天上下雨，雨水充足，满足耕种需要，人们便会欣喜若狂，用《泷州歌》唱出心中的喜悦，如《雨足人心乐》：

十分雨慰十分心，唔忧旱潦两灾侵。

人乐雨喈喈足用，雨真潇洒入胸襟。

素龙凤西羊塘头村老人陈洪茂赋诗：

双纪遐龄老伞榕，峥嵘岁月人尊崇。

荒年结出果丰硕，拯救饥民数十童。

这诗说的是当年大饥荒，素龙各乡村饿死不少人，羊塘头村几个面黄肌瘦的小孩，就靠村中一棵大榕树的果子，度过了最艰难的时刻，没有花生仁大的而且苦涩不堪的榕树果也成了人们的保命食物。

因为饥荒无法生活，因此卖儿卖女者甚多。罗平望天赤泥塘小村就曾经一天饿死7个人，不少人家被迫将女婴丢弃，把儿子卖掉。

1948年2月，大甲的梁松基刚满5岁。他兄弟姐妹7人，这么多人口吃饭，家里哪里负担得起呀？父母无计可施，决定把最小的儿子梁永基卖掉。那天，母亲陈氏抱着儿子久久不舍得放手，她强忍悲痛给孩子喂了最后一次奶，把他塞给一个素不相识的人，然后捂着脸低着头便跑开了。5岁的梁松基很快就明白是怎么回事了，他扑上前去，要抢回自己的弟弟，却被父亲死死抱住，直到弟弟被人抱着走远了，梁松基依然在父亲的怀中又哭又喊，拼命挣扎。梁松基清晰记得，卖掉弟弟换来的只有几斤大米。

在家里没有活命的机会，人们只好逃荒。每年都有大量的罗定人涌入广西，在梧州市冰泉附近的一个荒山上经常聚集大批罗定难民，这就是"广西有个留人峒，广东有个望夫山"民间传说的由来。现在，广西梧州命名为平民东、平民西、冰泉东、冰泉西的几条街道，不少居民就是当年罗定逃荒难民的后裔。

罗平望天村王维伦 9 岁的时候，由亲戚带到梧州逃荒，每天靠捡垃圾为生，一年后才沿途乞食返回罗定，只是奶奶年岁已高，走不动，只能一个人在家采野菜度日，最后活活饿死。

水，对罗定人来说是那么的重要。往往一口水井，可以救活一村人，一袋粮，也会给一个家庭带来骨肉分离的痛苦。可是罗定人就偏偏长年遭受旱涝灾害的折磨，尝尽了说不完诉不尽的辛酸和苦难。

靠"走三行"保命

都说"一方水土养一方人"，但是罗定一方水土就养不活一方人。罗定农民天天吃稀粥和番薯、芋头和野菜度日，并且长年都是只有上顿没有下顿，为了不饿肚子，为了活命，只有成群结队外出谋生，出远门"走三行"，也就是行伍、行商、行医。这些"走三行"的人，几乎占了男人的三分之一以上。谁人不希望一家团聚，开开心心生活在一起？但在缺水缺粮的现实面前，人们只好离乡别井。所以，罗定被称为靠"走三行"保命的地方。

因为十年九旱，生活无保障，罗定人"走三行"很早已成规模。苦难与艰辛，血汗与泪水，编织成为一段段难忘的历史，写下了一曲曲凄凉的悲歌。

当兵必须身体健硕，能吃苦耐劳，农民出身的男性青壮年较为合适。行伍当兵，投身军队，虽然有生命危险，但起码不会在家白白饿死。

　　清末年间，罗定人加入新军者不少，如黎少覃鎏钦，罗镜潘鼎元等。辛亥革命和后来的东征北伐都有罗定人参与。素龙羊塘头人陈雨亭在同村人陈明钜的介绍下加入新军，参加过孙中山领导的第二次惠州起义、钦廉起义、镇南关起义、广州庚戍起义等10多次起义。黎少替濮官塘林秀焕在广州参与刺杀督军被杀害，成为罗定首个辛亥革命烈士。泗纶沈约五、罗城柑园李猛，罗定在南洋的华侨劳工阮英舫、阮德生、阮卿云均参加了黄花岗起义，罗城人谭世镛还加入北伐军先遣队首先登上武昌城楼。罗定籍广东民国名将黎尚武在《台北三罗同乡会年刊》发刊词中写道：迄国民革命之东征北伐抗日诸役，我三罗（指罗定、云浮、郁南）同乡无役不与，轰轰烈烈，驰名中外。

　　外出行伍的罗定人中，著名的代表人物是抗日名将蔡廷锴。蔡廷锴是罗定罗镜龙岩村人，出身贫寒，为了生活，瞒着家人，三次投入新军，入伍时月饷银四两三钱，除了伙食外，尚余二两五钱，时值3块大洋，秋收时带了11块大洋回家，一家人都高兴过了个欢乐年。蔡廷锴身体硬朗，具有罗定人在穷苦环境下养成的刻苦耐劳精神和英勇善战作风，很快便升为连长，在北伐战争中被选为敢死队队长，声名远

抗日名将蔡廷锴将军

播。粤军第一师回师驻防肇庆时，蔡廷锴返乡招募新兵一批。后来成长为将军的区寿年、叶少泉就在这时被招入军中的，其后多次派人回罗定招兵。十九路军是以广东人为主的部队，能征善战，其中有不少三罗子弟兵，以蔡廷锴、沈光汉、区寿年、谭启秀、谢琼生等为核心，军人遍布罗定各地乡村。十九路军在一·二八淞沪抗战中一战成名，蔡廷锴率领十九路军与装备有飞机、军舰、坦克的六七万日本侵略者血战

33 天，迫使日军四度易帅，死伤万余人，也无法攻占上海。蔡廷锴和他的十九路军从此深得全国人民和海外华侨、港澳同胞的拥护和爱戴。

国民革命军陆军上将陈章是罗定围底杨村人，农民出身，读过中学，民国七年（1918 年），年仅 16 岁便加入民军，北伐时编入粤军第一师，一直升任至六十三军军长，曾两次参加粤北会战，在他的部队里以围底杨村人为骨干，有不少围底、素龙人。

孙中山先生创办的黄埔军校，每期都有罗定的学生。较有名的有罗城细坑人谭其镜，黄埔一期毕业，早期共产党员，曾与周恩来一起共事，担任入伍生部政治部主任。生江双脉村人彭佐熙，黄埔二期毕业，曾在台儿庄与日军血战六昼夜，后来又参加武汉保卫战和参加远征军入缅甸作战，在他军中有不少生江双脉人和围底人。附城康任人王作华，黄埔二期毕业，曾参加常德会战和长衡会战，军中亦有不少罗定人。罗平山田人陈芝馨，保定军校毕业，曾在黄埔军校四分校任校务主任，招了一批罗定人为军校教官。他们之中有分有合，如彭佐熙和陈芝馨都曾在十九路军中任职。

罗定外出行伍投军的人，有的返乡后受不了苦日子折磨，又再次投军。有的人在军队里打响名堂，又回家乡带出不少乡亲，这些例子数不胜数。抗战期间实行抽壮丁制度，不少人为了一点点粮食而去"顶替壮丁"。黎少人招炳殷原是十九路军战士，参加过一·二八淞沪抗战，福建事变失败后回到罗定，几年后又改名顶壮丁再入李友庄部队。大甲上堤村人陈伙桂，穷得难耐，为了 40 斤谷而再次顶壮丁投身行伍。试想，如果生活稍好，不用天天喝稀粥，谁又会愿意为了口饭而走上战场？

罗定人行商是从清末开始的，民国初年，罗定人"走广西"的行商已成规模。桂系军阀割据时期，广西较为特殊，不重商业，有"无东不成墟"的说法，"东"指从广东来的商人，每个墟场都由广东人操办，没有广东人，墟也开不成。其实，指的是罗定人，几乎广西每个乡村旮旯都有罗定人的足迹，每个墟场都有罗定人开的店铺。

据广西《大新县志》记载：1917 年，大新县太平土州昌平街成墟时，布匹洋杂货是由广东罗定的行商经营的。最初，罗定人是"货郎担"（俗称"鼓辘担"）式经营，肩挑背负的小本生意。他们以很少的本钱，从广州或罗定买进一些洋杂货、针和红绒丝线、膏丹丸散等常用药物，总重量约 25 公斤，装在两个篷笼笭内，自己挑着从罗定往广西的岑溪、容县、北流、玉林、贵县、柳州各地。

那时的批发商称商行而不称商店，因为商行需要雇请行脚，组结商帮，其中主要的特点是能够吃苦耐劳，身体壮实和互相帮助。素龙人黄云初在云南开了个客栈，专供行商的罗定人落脚，他以热心帮助罗定人而声名远播，因此，行商的罗定人都以有云初哥而放心，后来，"走三行"的罗定人干脆自称为"云初佬"。

据民国《罗定志》记载：罗定商业恒往境外贸易，结队联众，跋涉山川，自广西至云贵、四川，或一两年而还，或十数年而后返，计在广西各埠营工商业者约 4 万人，贵州各埠经商约 1500 人，云南各埠经商3000 余人，四川各埠经商 500 余人，其中颇多获利，因而起家者亦不少。

罗定人行商"走广西"，与山东人"闯关东"、山西人"走西口"、广东人"下南洋"一样，都是因为饥饿贫困而离乡背井外出谋生的历史写照。

行医，其实是行药，那个时代极少有成品药卖。罗定很多人外出从事行医、制药、卖药、贩药。岭南古为"瘴疠之乡""化外之地",罪臣流放地,蚊蝇成群,湿热瘟病盛行,常见疫症流行,伏波将军马援和诸葛亮都视之为险地。大自然相生相克,也赋予岭南丰富的药物资源,据调查,西南二江的药用植物有6大类,212个药种,814个品种,是岭南四大药材产地之一。久病成良医,罗定人世世代代在与苦难斗争中,积累了丰富的医疗经验。由老祖宗传授,秘而不宣,代代相传,有时几味草药,一条独步良方,便可济世活人。罗定人"走三行"的行医,扛神农牌子,或以江湖"摆武档"形式,主要是从事成药的推销。

出门"走三行"的大多数为男人,有些是长年在外,有些是农闲时外出。在家的妇女要操持家务,管理农田,还要照顾和教育儿女,比起男人更辛劳。男人在外,盼归家,妻子在家,盼夫还,罗定《泷州歌》写出了不少这方面的歌谣,如:

> 食又有忧着无忧,米升挂在担挑头。
>
> 揾得一升食八合,留番二合耍风流。
>
> 番薯芋头屋企有,着乜路由走贵州。
>
> 父母妻儿心上扣,千条路远过中秋。

还有《秋冷动归情》《望夫返过年》等,唱尽了人间冷暖。

新中国成立后，罗定"行伍、行商、行医"的"走三行"活动基本停止，人们所说的"走三行"，已泛指为凭手艺外出谋生。

十年九旱，罗定人长期在极其艰难困苦的环境下挣扎生活，外出"走三行"充其量只能暂时维持一个家庭的基本生活，却未能改变社会自然环境，千百年来，罗定人坚持修建水利设施，希望能根治旱患，但始终未能根本改变罗定十年九旱的困局。

第三章　治水不止尝甜头

- · 从小学课文想到
- · "长藤结瓜"，"瓜"香八方

从小学课文想到

　　1974年深秋的一个上午，秋高气爽，正是收获的季节。

　　罗定县黎少公社泗片大队大花小学放学了，一群小学四年级学生在回家的路上，齐声朗诵着课文：

　　　　罗定山河披新装。罗定是广东省历史上一个有名的干旱山区县……山下河水白白流，山上用水贵如油，天灾人祸年年有，耕田人家日日愁。……

　　　　……昔日"五天不雨成旱，一场大雨成灾"的罗定，如今却是水库星罗棋布，渠道纵横交错，渡槽水管遍及山间田野，一座座水轮泵终年不息地抽水上山，浇灌着层层梯田。罗定的山山水水，奏起了一曲曲水利建设的凯歌……

　　正在稻田收割水稻的社员们，听到学生们响亮而整齐的朗诵声，暂停手中的忙活，隆隆的打禾机声戛然而止。好奇的农民们全神贯注地倾听着，大花生产队的队长曾锦新走上前去，接过一个小学生手上的课本认真地看了又看，最后，他乐呵呵地对大家说："原来是我们罗定的水利建设出了名，载入了小学语文书，很了不起啊！"

罗定水利建设成就被写入小学课本的事情，很快就传遍了全县各地，人们捧起散发着油墨清香的课

1973 年，罗定水利建设被写入广东省小学课本

本，兴致勃勃地读着里面的字字句句。

课文里描写的都是罗定水利建设的壮丽画卷，他们大多数人都是当中的参与者、建设者，读着这样的文章自然觉得倍感亲切和自豪。

许多人读着读着，都不由自主地流下泪水。想起那些艰辛岁月，人们怎能不流泪？想到自己曾参与这伟大事业创出水利奇迹，怎能不激动？

回忆起罗定水利工程建设的征程，人们都对多年来参与罗定水利建设的亲历者们肃然起敬，敬仰他们那种为改变家乡面貌而表现出来的拼搏精神。

罗定县的金鸡、苹塘公社为石灰岩地区，山石陡立，岩层渗流，缺水少泉，雨量少，集雨难，蓄水难，引水难，曾被外国专家断言为"水利禁区"。但是当地的人民群众，在各级党委的领导下，不崇洋，不信邪，硬是在"水利禁区"中杀出一条"血路"。

在修建金鸡公社黎峒水库的时候，民兵组成"攻坚突击队"。一天，一位民兵班长在挥锤打炮眼，一颗花生米大小的碎石弹射到他的大腿上，他皱皱眉，从口袋里掏出小刀，一咬牙把碎石从大腿上剜了出来，找点草药往鲜血直流的伤口上一敷，抢起12磅大锤又继续干。金鸡公社二座湾水库，修成后由于岩层泄漏，成为有名的"竹篮子"水库，当地群众对症下药，土法上马，用肩膀挑来 5000 多立方米黄泥黏土，把岩层裂缝封得严严实实，这样就把"竹篮子"变成了"铁桶子"。

修建水星坪水库的时候，正值我国遭遇三年自然灾害的最困难时期。一个天寒地冻的早晨，一位年过 6 旬的老人在返回水库工地经过素龙公社思围大队的时候，跌倒了。老人颤颤巍巍地抓着简单的行李，站起来定定身子，又趔趔趄趄地往前走，但最终还是再次跌倒了，而且永远也站不起来了。当时，许多小孩看见了，总想不明白，老人跌倒了，为什么还要往前走呀？为什么还要想着他的水库工地呀？

素龙公社棠梨大队一位大娘，是村里第一个报名上水库工地的妇女。一天傍晚，她听说村里收获了一些番薯，立刻跑回村来，挑了满满的两箩筐番薯又赶回工地去。人们劝她："明天再走吧？"她说："不行，工地上的同伴们正饿着肚呢！"大家只好瞧着她挑着沉甸甸的担子踩着月色走出村子。第二天，消息传回村子，她在山里跌伤了，与一担番薯一起滚到山沟里。她顾不得浑身疼痛，在月色下的草丛中摸索着把一个个番薯捡了回来，咬着牙挑到工地，给大伙们做了一顿"番薯"夜餐。

为了建好水库，建设者确实是拼到了生命的极限，因为干旱，水稻产量低，一天只能吃到几两大米和一些瓜菜。他们每天饿着肚子，撑着疲惫的身子，肩上压着沉重的担子，但为了振作精神，相互鼓舞，还常常大声喊："冲啊，冲啊!"那情景，豪壮中夹着悲壮，悲壮中充满豪壮。每一个人都铁下了心，为了战胜旱魔，为了活命，干，干，干!

素龙公社思围大队和棠梨大队不少社员，脑海中常会浮现出当年跌倒在村旁再也站不起来的老人，浮现出大娘挑着一担番薯踩着月光赶回工地的情景，浮现出那一群裹着塑料薄膜赶路的年轻人的身影。他们虽是平凡，甚至默默无闻地逝去，但他们是名副其实的英雄，是罗定水库建设大军中的英雄，他们的精神与功绩，将千秋万代留在人们心中。

1972 年，罗定全县开展 7 处河道整治、12 处裁弯取直的工程，整治后造田 9000 亩，14000 多亩稻田旱涝保收，其中罗镜河整治工程，县委一次就动员了 3000 名民兵投入战斗，采取梯级开发的办法，在沿河两岸筑起 22 公里长的石堤，工程完成后造田 3000 多亩，还保护沿河两岸 2 万多亩农田。

罗镜公社红光大队党支部书记林尚茂参加了这场水利工程建设。刚接到命令，他连夜走家串户发动群众，那个晚上，他走遍了整个山村，村落里不时传来此起彼伏的犬吠声，当他回到家里的时候，已经是凌晨时分。第二天，天刚放亮，群众就带着工具、粮食、炊具，互相招呼着，纷纷往工地上走，河道间、河坝上、田野间、村道上，到处都是人。在建设过程中，大家始终保持高涨的热情，起早摸黑，忘我劳动。每天回到家中，都已经是夜色深沉。

荫塘公社大荫生产队在开挖水渠的时候，人们自发采取了"日加月"的工作方式。白天干了一整天的活，人们吃完晚饭后，看到月亮升起，就赶紧奔赴工地，借助月亮的光继续开工。

星月辉映，晚风轻拂，迷离醉人，本是最佳的休息放松时刻，让劳累的身体得到恢复那该是多么惬意。但在那个时候，大家的心里只有一个念头——抢修水利。回想起那段岁月，人们都记得这样的一个词语——"日月同辉"。

太阳与月亮，就像人们心中的一盏明灯，照亮着每一个人奋勇前行的方向，对美好的生活憧憬，更是让他们忘记了疲劳，忘记了艰辛。他们劳累，但是内心乐观、自豪。

每一项工程，每一个片段，建设者们至今记忆犹新。罗定人几十年如一日坚持奋战，建成的千条渠道、百座水库，最后都成为集灌溉、发电、生活用水、旅游于一体的风景区。每当游人登临水库的库区，徜徉于巍巍耸立的大坝之上，面对莽莽苍苍的群山，放眼波光粼粼的水库，心中都会情不自禁地涌起一股壮阔激昂的情怀。

读着这篇《罗定山河披新装》，回顾罗定水利建设的光辉历程，怎能不让人心潮澎湃，精神振奋？

"长藤结瓜"，"瓜"香八方

罗定人把全县水利工程形象地描述为"长藤结瓜"，把引水渠、渡槽称为"长藤"，而把水库、山塘等蓄水工程称为"结瓜"。人们不免会问，既然是"长藤结瓜"，那究竟藤有多长？瓜有多大？

如果把它们一一计算，罗定引水渠总长 3000 多公里，其中"六引"工程主干渠就有 365.87 公里。这样的藤，足够长了吧！罗定县有中型、小一、小二型水库 107 座：其中中型水库 4 座，小一型水库 23 座，小二型水库 80 座，山塘 1050 座，建成总库容为 1.76 亿立方米，有效库容为 1.31 亿立方米。

可以拿一组数据来比对，至 1949 年初，罗定全县仅有蓄水塘库 59 座，蓄水库容 138 万立方米，灌田 6450 亩。那个时期，最大的一座蓄水工程是 1932 年建成的船步大坑山塘，集水面积 0.5 平方公里，蓄水库容 16 万立方米。

这样比对，你就可以更直观地看出"长藤结瓜"的水利建设成效了。

再确切一点，可以再用"引太"工程为例说明。"引太"总干渠长 37 公里，总干渠以下分北、东、中干渠，总长 59 公里，支渠 95 条，长 237 公里。这长长的干渠、支渠就是引水工程的大大小小动脉，通过这些大大小小的动脉，渠水流向太平、罗镜、罗平等 7 个公社的 4.6 万亩农田。

又如"引沙"工程，从"引沙"陂头到华石五路塘全程 103 公里，这 100 多公里长的渠道就是长长的藤。渠道沿线连接山塘水库 219 座，就是大小不一的瓜。其中中型水库 1 座，就是山垌水库。水库于 1964 年春测量，同年 11 月大规模施工，受益区的六个公社每天平均上劳动力 3000 人，各公社按分配包干土方任务安排民工上阵，民工每天记 10 分工分，回所在生产队结算分配。1969 年 10 月竣工投入运行。土坝最大坝高 41 米，顶宽 5 米，坝顶长 191 米，坝底宽 242 米。设计灌溉面积和补偿调节"引沙"灌区范围面积 5.9 万亩，灌溉船步、蒟塘等 6 个公社。山垌水库是"引沙"渠的重要补充水源，其坝后一、二级电站年发电量平均达 600 万度。

此外还有水库 8 座，就是山田水库、大石塘水库、大水坑水库、城围水库、大冲坑水库、秋风坑水库、五路塘水库、双塘水库，在"引沙"103 公里的水渠上，不断地有水源补充，以确保"引沙"灌区内有充足的水源。

1966 年底至 1967 年春，罗定 8 万民工齐上阵，大搞水利建设。"长藤结瓜"，藤越来越长，瓜越来越多，越来越"香"。这些藤与瓜、瓜与藤，在罗定广袤大地上纵横交错着，时刻在发挥着作用。

各大引水工程的渠水向下灌溉时出现落差，又利用这个落差水头的冲击，安装水轮泵站，把低处的水送上旱田。1969 年 10 月，广东省革命委员会生产组在罗定召开了全省水轮泵建设现场会议，11 月 20 日，广东省革命委员会批转《广东省水轮泵站建设现场会议纪要》。到 1972 年，罗定全县建成水轮泵站 667 处，水轮泵 1232 台，成为广东省首个"千泵县"。

船步公社有个 42 户的九江生产队，他们也决定在村前的九江河建一座水轮泵站。当时有人怀疑，一个生产队想装水轮泵，癞蛤蟆想吃天鹅肉！在九江建站，非国家投资不可。生产队长潘金胜不服气，发动社员展开讨论，到底是自力更生解决困难，还是等国家有资金支持再建？社员们个个情绪激昂："愚公能移山，我们就不能堵住一条河？我们缺乏资金，但我们有力气。"简单的动员过后，全体社员当场签名盖章，给县和公社写下决心书："誓把九江河水斩，没水浇田不罢休！"

他们说到做到，没有资金就大家凑，没有器材就大家想。为了多用石头，少用水泥，大家就拼命挑石，足足挑了一个多月，平均每个劳动力就挑了 3 万多公斤。就这样，除了国家供应一台水轮泵和安排了 1000 多元贷款之外，这座本需国家投资建设的水轮泵站，由九江人用勤劳的双手建成了。人们赞扬这个生产队干得好，队长潘金胜总是说："我们没有什么经验，但有自力更生的精神！"

双东公社水轮泵站，是全县工程最艰巨的一个站。它要凿开一座大石山，裁弯取直泷江河道。动工建站的时候，首先就是凿石山。初时大家劲头很大，用镐挖，用铁钎撬。可是干了 10 多天还剥不了石山一层皮。这时，有些人泄气了，说："井中蛤蟆井中跳，到底是干不成大事，还是停工出外打工挣钱好。"

老农民罗在伦力排众议，他坚定地说："外出打工只能暂时解决一时困难，搞水利才能有效改变贫穷面貌。"听了他的话，大家又下定决心，坚持要把石山劈开，把水轮泵站建成。罗在伦样样干在前头。那年冬天，儿子给他买了件新棉衣。他穿起新衣就到工地抬石，弄得肩膀处穿了个大窟窿。儿子责备他不爱惜新衣服。他说："为集体干活，为子孙后代造福，棉衣破了有什么关系？"克服重重困难，不久，水轮泵站建成，从此双东公社生产生活用水得到缓解。

扶合公社旗垌大队石门头水轮泵站，是罗定县水轮泵扬程最高的一座。河水通过水轮泵，被送上了91米高的山上。可是，负责设计的水利技术员老赵，只设计了扬程60多米。群众要求增至90米，老赵说："我只能按水轮泵的功率设计，再高，我不敢负责！"

为了扬程高度问题，河坝工程建好了，装机工程却停住了。这期间，旗垌群众建好了另一座扬程48米高的水轮泵站，取得了实践经验。到了1969年6月，他们又请来了技术员老赵，群策群力设计并安装这座扬程90米的水轮泵站，并成功地把水送上了

91 米高的山上。老赵感受极深地说："群众教育了我，群众思想冲破了我头脑里的旧框框。"

罗定电力一直缺乏，1960 年 5 月，县里开始修建一些小水电站，但是装机容量小，照明用电和农产品加工用电也得不到保障。1963 年，罗溪电站建成，装机一台 250 千瓦，年发电量 30 万千瓦时，县城才用上水电，也才有了用电力抽水灌溉的电灌站。1971年，罗定建成了第一个 35 千伏输变电站后，全县电力灌溉面积迅速增加，当年新安装电灌 163 台，装机容量 1002 千瓦。

罗定的中小型水库，除了可以蓄水灌溉农田，也可以发电。全县有 14 宗水库建有一级或二级水电站。用于发电后的水，流进渠道里，产生的"藤"，继续起灌溉作用。人们利用这些电站发的电，除了可以供应生活用电和工业用电，又借助电力的进一步加强，建起了一大批电灌站。

高峰时期，全县 18 个公社安装有电灌站，其中生江、附城、双东、素龙、华石、苹塘 6 个公社电灌装机容量均超过 500 千瓦，这批电灌站有效解决了水利设施薄弱的地区、蓄水灌区的"水尾田"、引水渠以上的高亢田的灌溉问题。当时全县装机 806 台，装机容量 7512 千瓦，灌溉面积 2.84 万亩。

装机容量最大的是苚塘公社汶仔塘电灌站，装机容量 135 千瓦，拉了 10 千伏的线路 2000 米，安装 30 千伏安变压器 1 台，灌溉面积 800 亩。

水库蓄水，既可以灌溉，也可以发电，利用电力建设电灌站，提水上高处，扩大灌溉面积。这样全县发展形成了"引、蓄、提、电"的水利灌溉网络。

由于罗定水利工作做得好，取得丰硕成果，得到上级的肯定和表扬。1958 年 9 月，罗定县委副书记赖少华代表罗定到北京参加全国水利先进代表会议，并在会上作了题为《高山低头　河水改道》的发言。由于灌区工作做得好，1960 年 4 月，罗定被国家农业部评为全国先进单位。

罗定的水利建设成就，也得到国内众多媒体的关注。1964 年，上海科教电影制片厂到罗定拍摄了一部水利建设科教片《引蓄结合　长藤结瓜》，影片在全国放映。1969 年 12 月 3 日，《南方日报》用了 3 个版面，以《装点此关山　今朝更好看》标题长篇报道了罗定县水利建设的突出成就，罗定水利建设名声远扬。

上海科教电影制片厂专程到罗定拍摄了《引蓄结合 长藤结瓜》的电影专题片，介绍罗定的水利建设成就

1969 年,《南方日报》头版头条刊登罗定水利建设成功经验

1972 年 10 月，珠江电影制片厂拍摄的电影《罗定学大寨》，介绍罗定大搞水利工程建设，改变"十年九旱"的面貌，粮食生产年年夺得丰收。罗定"引蓄结合，长藤结瓜"的水利经验推广至四面八方，罗定的水利建设工程名震全国，享誉世界。

第四章　前人没干过的我们干

- · 想大的，干大的
- · 踏遍青山人未老
- · 再难也要干

想大的，干大的

1971 年春。

天亮了，旭日东升。山冈、田野、村庄、树木，全都在阳光里散发着一种干燥的气息。

插秧时节快到了。县城附近素龙大甲、凤西等村子的大片农田，还全部裸露着去冬犁晒的坯坯，连犁田播种秧苗的水也没有。平时，水库里的水常常流不到这里。

水渠上，站着一位身材高大的中年汉子，手里拿着大檐帽，怔怔地看着这片干涸的农田。一不小心，拿着的大檐帽脱手了，像风车一样，滚到水渠下面的农田里。刚好来了一位老农，他捡起大檐帽子，恭敬地送到走下水渠的汉子手里，问："同志，你是哪里来的？"

"城里。"

"你是干部吧？怎么称呼？"

郭荣昌带头到水利工地劳动

"我叫郭荣昌。"

"哎哟，你就是新任县委书记郭书记啊？"老汉惊讶、意外，还有点慌乱。他想说些问候话，嘴巴张了张，没说出口。

这位中年汉子，的确是县委书记郭荣昌。他经常深入农村田头，看看乡村的田野，看看乡村忙活的村民。他特别喜欢戴这种大檐帽子下乡，挡雨、遮阳均好。他又觉得，戴这种当地农民喜欢戴的帽子，碰见农民打个招呼，说说话，也显得亲近一点。

昨天，他给县农办的同志打了个电话，要他们跟水电部门说说，大甲、凤西那些村子还没有水犁田播种，上游乡村是否可以照顾一下，多放些水到下游来。今天一早，他就出来了，他要亲自看看，水来了没有。水渠里，水是来了，可惜水量太少，一亩秧田用水起码也要流上一整天。

"水流这么小，这怎么行，你们怎么播种啊，老哥？"郭荣昌与老汉攀谈起来。到最后，老汉对着干旱的田野叹了口气："郭书记啊，不建个大水利工程，干旱没法改变啊。"

郭荣昌听了，连连点头："对，老哥，你说得对啊！"

离开老汉的时候，郭荣昌心里既沉重又意外。沉重的是，昨天他这个县委书记亲自打电话"关照"了，今天流到这里的水，还是那么少，可见上游也是缺水、抢水啊。意外的是，想不到在这儿遇见了一位"知音"，老农说要建"大水利工程"的话，在他心里产生了强烈的共鸣。

罗定是个苦旱县，水利建设初见成效，但旱患远未解决。现在他任县委书记，意味着肩上的责任重大啊，而治水的念头，在郭荣昌心中就更加强烈，这既是罗定历任县委书记的传统，是罗定人民的实际需要，也是他这位新任书记面临的使命。

从新中国成立之初的谭丕桓开始，到郭荣昌的前任书记黄国，罗定历届县委班子无一不是在水利建设中摸爬滚打走过来的。试想，眼看全县大片的土地干旱失收，眼看数以万计的人民群众吃不饱饭，作为县委书记，谁能坐得住、睡得安？

郭荣昌要对全县用水情况和水利建设情况作个真实的了解，他很想听听基层干部和老百姓的声音，于是决定下乡调研。当时有明文规定，县委不配小汽车，县委之前使用过的那辆"华沙"牌小汽车已经上交肇庆地委。每次下乡调研，郭荣昌都是骑一辆"克家路"牌自行车。

每到一个公社，郭荣昌经常与公社书记到大队、生产队察看农田、水利情况，了解基层的生产情况，了解群众有什么需要解决的重点难点问题，话闸一打开，往往需要整整一天时间，晚上经常是住在公社招待所。

1971 年夏天，热浪像火球一样扑向路人。郭荣

郭荣昌（左一）在劳动休息时与群众交流水利建设情况

昌下乡连州公社，他与秘书朱家志踩着自行车，汗流浃背。一辆解放牌汽车从后面驶来，司机见前面踩单车的是个干部模样的人，立刻来了个急刹车，把头伸出车窗，对着郭荣昌说："同志，上车吧，我顺路送你一程！"

司机停好车，帮忙把自行车抬上汽车车厢。郭荣昌到副驾位就座，朱家志就到车厢站着，双手分别扶着两辆单车。摇摇晃晃，一路颠簸。

半年时间，郭荣昌跑遍了整个罗定，他看了许多小水库和"六大"引水设施，看了许多电灌站和水轮泵站。他知道，罗定中部地区干旱缺水仍然十分严

重，素龙、生江、附城、罗城、双东等 8 个公社 20
多万人口的吃饭问题还没有解决。

郭荣昌心想，罗定的小水利，能搞的都搞了，确
实已经发展到一个必须突破的时期了。想大的，干大
的，下大决心，干大水利，从根本上解决全县的旱
患，这不但是今后一个时期罗定水利建设的方向，更
是当前他这位新任县委书记的头等大事。

郭荣昌找县水电局技术人员开座谈会，听意见。

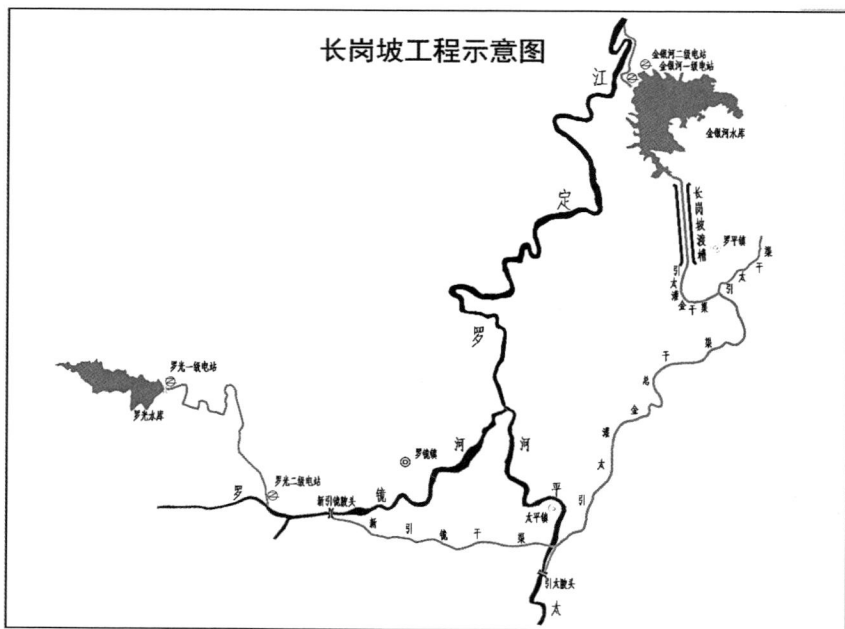

长岗坡工程示意图

经过多次座谈交流，郭荣昌了解到，县里有一支思想、作风和技术过硬的技术队伍。这支技术队伍经过"蓄、引、提"水利工程的锻炼，能胜任重大水利建设任务，在工作中勇于担当，一旦遇到困难，都能够主动想方设法解决，这让郭荣昌增强了信心，建设大型水库的想法更加坚定了。

于是郭荣昌召开县委会议。他提出，要在罗定太平与信宜之间的地方，建设一座大型水库。他要求全县领导干部深入调研，为干大水利出谋献策，要求县水电局做好大水利的勘测工作，制定大水利的建设方案。全县上下，要同心同德，围绕一个"大"字敞开思路想，放开手脚干，一定要从根本上消除旱患，把罗定至今仍然干旱的中部地区建成旱涝保收的大粮仓，让饱受苦旱折磨的20多万人民群众过上丰衣足食的日子。

经过调研，并得到肇庆地委的同意，希望罗定县委与信宜县委协商，争取在信宜县新堡公社"借地"建水库，库容为11亿立方米。

然而事与愿违，"借地"建水库的协商未能达成，这对满怀信心准备建设大水利设施的郭荣昌来说，是一个极大的遗憾。

踏遍青山人未老

"借地"建设水库的计划已经不可能实行，郭荣昌再次陷入了沉思。难道罗定境内真的就无水可调吗？难道我们就没有合适建大型水库的地方吗？

在办公室里，他再一次打开罗定地图，他要把下乡调研时看到的地形地貌，听到老百姓的想法，自己的设想与这张地图再一次核对、梳理。

罗定地势西南高东北低，降雨量也由东北向西南逐步递增，能不能将西南片地势较高、水资源相对充沛的罗镜、太平两条河水调到中部地区……

许多思绪，盘旋在郭荣昌的脑海。但如果可以把罗定西南片河水引到中部地区，历年带领罗定人治水的领导和专家，他们早该发现了吧？

生活中，有许多想不到的挫折，生活中，也有许多意外的惊喜。许多时候，这边看似山重水复，那边却柳暗花明！

这时候，一位叫李郁的测量技术员提出了一个与郭荣昌的想法非常相符的设想。

李郁，身材魁梧，头发稀疏，宽脸慈祥。他1908年9月出生于广东省五华县岐岭联安，广东省陆地测量学校毕业，民国时期当过航空测绘员，当过中学副校长。1959年由广东省水电厅下放到罗定县水电局工作。在罗定工作期间，他背着经纬仪，踏遍罗定的山山水水，参加山峒、湘峒、金银河水库、罗定"六引"部分工程和一批江河水轮泵、青桐电站等不少水利建设项目的查勘、测量，指导开挖大小隧洞10多座。他主持开办了水电测量训练班，亲自编教材、讲课、带班，培训了一大批专业人才，为罗定的水利水电建设事业作出了很大的贡献。

李郁说："在罗定中部地区的云桂山麓金银坑周边，有三洞口、黄京塘、胡夹塘、红中坑、水星坪5座小水库，这些水库周边刚好有一圈隆起的山脉，把这5个水库包围其中，如果在适当地方筑起堤坝，进行建设改造，把5个水库连起来，就可以建设一个库容大约3000万立方米的中型水库，但这个隆起的山脉地带只有18平方公里，单靠集雨面积去集雨，是满足不了中型水库的蓄水量，如果能解决引水问题，把西南片区的水引入库区，中型水库就可以建起来。"

郭荣昌对李郁的想法非常重视，但是，他还有一点担心，这个想法是不是有点脱离实际，异想天开？他来罗定的时间也不算短了，也没听到过哪位领导提出过这样的想法。他沉思了很久，想清楚了，干大水利，不仅仅是他个人的想法，广大干部群众中也具有很高的积极性，已经是人心所向。一人计短，二人计长，三人胜过诸葛亮。把 70 万罗定人民发动起来，有什么办法想不出来，有什么困难克服不了？时代在发展，今天看似没办法干的事，明天也许办法就出来了；今天看似是异想天开的事，明天也许就可以变为现实了。

郭荣昌分别找县委副书记李均林、县革委会副主任余湘，以及县水电局长杨元龙等，就干大水利的问题展开讨论，他们几个都是一致赞成，坚决支持。

就在这时，按照广东省的统一部署，罗定县从 1973 年 3 月 8 日至 6 月 10 日，组织由县、公社、大队水利人员共 970 人组成的庞大水利大普查工作队，对全县水利资源进行大普查。目的就是要进一步摸清罗定县水利资源的"家底"，还有哪些水资源可以利用，在哪里适合建设大型水库，等等，为今后的水利

1973 年，郭荣昌在全县水利建设会议上

建设提供翔实的数据资料，特别是做好把西南片区的
水引向中部的可行性评估。

县水电局长杨元龙带队开展这次水利大普查。在
3 个多月的大普查期间，大家不辞劳苦，踏遍青山，
掌握了大量水文数据。杨元龙先后征求了李郁、吕醒
华、张启超、谭仕忠等技术员的意见，并把有关情况
定期向郭荣昌汇报。

水利大普查一结束，县委马上召开会议，听取大
普查工作的情况汇报。就在这次会议上，一个罗定水

利建设史上的伟大构想产生了。

县水电局工程管理股股长谭仕忠在发言时，详细介绍了县多项水文数据，他特别提出："生江金银坑周边水星坪等 5 个小水库，高程较低，而'引太'陂头高程较高，二者落差 28 米，如果把太平河、罗镜河水引入金银坑，并将金银坑现有 5 个小水库合并为一个中型水库，这是切实可行的。"

因为有具体数据作比较，其他与会大部分技术人员也对这个想法表示认同。会后，杨元龙马上组织材料，形成书面报告，呈报县委书记郭荣昌。

郭荣昌听完汇报，心里非常高兴。他"想大的，干大的"构想，极有可能变成现实了。

既然可行，想尽办法也要干！郭荣昌用拳头重重地捶了一下办公桌，转身走出了办公室，他要把想法与县委其他同志分享。

如果把太平河、罗镜河水引入金银河水库，引水线路如何走？李郁和县水电局一班技术员进行反复探讨，提出了引水的初步方案。

这个方案是，把罗镜河水引入"引太"水渠，扩大原"引太"水渠，把水输送到罗平公社牛路迳，再通过开挖明渠或建设渡槽的办法，把水送进新修建的

牛路迳渠道

金银河水库。

　　而建设渡槽的办法，技术人员提出了两个方案。

　　第一个方案是从牛路迳建引水渠，经过平垌大队高岗、大屋垌、茶岗 3 个自然村，在茶岗背长岗坡建设渡槽。通过双莲垌，在花鹿坑开挖一个隧洞，通过隧洞把水引入金银河水库。

　　第二个方案是从牛路迳建明渠引水到罗平公社夏

黄山咀，然后通过建渡槽直通花鹿坑隧洞，把水送入金银河水库。

究竟采用哪一个方案？

两利相衡取其重，两害相衡取其轻。

1973 年 9 月，县委书记郭荣昌带队，与县领导李均林、余湘，还有县水电局杨元龙、许权等 20 多人，同坐一辆客运汽车，清早从罗定城区出发，直奔罗平公社，按照两个方案走向，沿着途经的山冈、村庄步行踏勘，先后到牛路迳、夏黄山咀、长岗坡、花鹿坑等地调研，实地察看现场，比较方案，发扬民主，各抒己见。

大家认为，从长岗坡建设引水渡槽最佳，渡槽长度短、便捷、省力、省钱。而且，长岗坡的地形和土质，也非常适宜建设大型渡槽工程。具体走向是，从罗平公社牛路迳开始，经过平垌大队高岗、大屋垌、茶岗 3 个自然村，其中牛路迳至大屋垌为实渠，大屋垌至茶岗为低矮石拱渡槽，从茶岗背至双莲自然村称为长岗坡，建设长岗坡渡槽，渡槽连接花鹿坑隧道，然后直通金银河水库。

经过反复比较，初步确定采用第一方案。

1973 年底，郭荣昌组织县委班子进行讨论，建

郭荣昌（右三）与测量技术人员在一起

设长岗坡渡槽枢纽工程，并指示县水电局组织技术力量，对工程进行全面勘测。

从 1974 年初开始，花了 1 年左右的时间，县水电局对水库工程和长岗坡的地质开展勘察，完成探井 22 个，钻进深度 120 米，钻孔 6 个，进尺 282 米，压水试验 6 孔 54 试段，土工试验 16 个。

1974 年底，一个规模空前的大水利建设方案——长岗坡渡槽枢纽工程建设方案起草完毕。当夜，郭荣昌思考了一个晚上，越想越兴奋，越想信心越坚定。

再难也要干

1975年元旦刚过，郭荣昌把方案提到县委常委会议上讨论，满怀信心地等待方案的通过。可是没想到当头就被泼了一盆冷水。方案竟然引起激烈的争论，而且一争就是好几天。

大家争论的焦点主要集中在两个方面。一是缺钱。罗定年年治水，已经把所有能用的钱都花到水利建设中去了。况且长岗坡渡槽枢纽工程预算投入超过2000万元，上年全县财政收入只有900万元，靠县财力是远远不足以支持如此大规模的工程建设的。二是工程难度大。金银河水库库区水土流失严重，建大型水库有水土流失下来在泥土淤积的危险；水库大坝附近取土场均为渗水性极强的粉质土壤，大坝防渗问题能不能解决？大坝估计有160多万土石方，能不能单靠人力完成？建设长岗坡渡槽有太多的技术难点前所未有、闻所未闻，如何解决技术难关，确保引水成功，大家并没有把握。

当时参会人员分成赞成和反对的两方。双方发生了激烈的争论，时而有人还会冲动地敲拍桌子。在争论中，县委副书记李均林坚决支持方案通过，态度坚决理直气壮地表示，再难也要干！

李均林走出会场外，自言自语说："还讨论什么啊？还谈什么干大水利啊？他们什么都想到了，可就是忘了70多万的罗定人民受苦受旱的贫困日子！"当然，李均林对持反对意见的同志也表示理解，他们也是立足于实际出发去想问题的。

郭荣昌（左五）与县委副书记赵纯修、陈启容、高长祥等研究长岗坡渡槽建设工作

后来几天，常委会的争论还在继续。这边说，干，完全可以干，一定要干；那边说，要慎重，还要研究，不能冒险、蛮干。那些干大水利的铁杆支持者在争论不休时，都在等待着、盼望着郭荣昌一锤定音。

郭荣昌又何尝不渴望方案顺利通过，他明白，反对的声音不无道理，值得深思。他明白，大家要说的话都反复说了，再争论下去，已经没有多大意义。他更加明白，作为县委书记，他需要表态，但这个表态，不是拍脑袋、拍胸脯就行了，而是必须站在客观事实上去说话。几天来，他主持会议。一边认真听取意见，一边认真做笔记，时而点头，时而微笑，时而皱眉。直到认为时机成熟时，他便慢慢地站起来，对大家说：

同志们，至此为止，会议开了三四次，要说的话都反复说了，要表述的观点都反复表述了。有些同志提出的问题和困难，其实只是建设中的问题和困难，是完全可以在建设中解决和克服的。就说水土流失水库淤积的问题吧，做好造林绿化的植被工作，不就解决了吗？长岗坡渡槽建设规模，虽然前所未有、闻所未闻。如果我们干成了，以后人们不就有了看得见的样板吗？至于说我们穷、没钱，大家千万别忘了，我们身后有七八十万具有艰苦奋斗光荣传统的罗定人民，他们比金钱重要一千倍一万倍啊！搞水利，百年大计，一本万利，罗定没有哪个群众不支持不拥护的啊。

郭荣昌列举了一个真实的故事作说明。多年前，素龙几个小村子联合修建一口大山塘。大山塘修好了，有个生产队长在家里拨了半天算盘说："哎呀，今年修大山塘，丢了两头大黄牛了。"妻子在房里听见，以为丈夫埋怨修山塘，跑出来正要张口骂，却见丈夫笑吟吟地说："我是高兴哩！修山塘给上工地的社员记工分补粮食，算来是丢了两头大黄牛，可今冬大家利用山塘蓄水种冬作物，就足够赚回好几头大水牛啦！"

郭荣昌语重心长地说："同志们哪，一个生产队长都可以把这盘经济账算清楚，难道我们作为县委、县政府领导干部就算不清了吗？"

听完郭荣昌一番话，之前提出过反对意见的人都面面相觑，默不作声。是啊，连一个生产队长都能想得明白的事情，我们怎能再为此而顾虑重重呢！

郭荣昌又说:"过去,罗定人民在上级党委的领导下,创造了一个又一个闻名全国的水利工程,现在,我们更应该在党的领导下干出无愧于昨天、无愧于罗定人民的大水利。最后,他坚定地表态,建设长岗坡渡槽枢纽工程,尽管存在很多的困难,但是,只要能从根本上解决罗定的旱患,再难也要干!"

郭荣昌的话,态度坚决,掷地有声!

会议室立刻爆起一阵阵热烈的掌声。经过几天的争论,大家终于达成共识。罗定水利建设的历史将从这里翻开最波澜壮阔的一页,长岗坡渡槽枢纽工程的宏大篇章,正式拉开帷幕。

第五章　巧夺天工的设计

- · 谁来设计
- · 既要敢想，更要科学
- · 精准的计算

谁 来 设 计

1975 年 8 月 2 日，星期六。

罗定县委大院一改往日的平静，县水电局班子、工程技术骨干和相关单位的领导干部，都齐刷刷地集中在县委会议室等待开会。大家发现，郭荣昌、李均林等县委和县革委会的主要领导都来了，大家心想，这次肯定要研究大项目了。

人们的猜测没有错，这次座谈会是围绕县委的一个重大决策而召开的，核心主题是讨论解决长岗坡渡槽建设的技术设计问题。

在讨论由谁来设计的问题上，现场气氛一下子就热烈起来，大家都在交头接耳，议论纷纷。郭荣昌没有作声，任由现场人员随意讨论，他也真的需要从集体的讨论中找到支撑自己观点的依据。

发表意见的人员，有两种不同的声音。

反对者说，这是罗定水利的命脉，更是一项百年工程，应该让有更高资质的省和地区的水利设计专家来设计。也有人附和说，这样的大工程，别说罗定搞不了，肇庆地区也未必搞得好。

赞成者认为，罗定人自己有底气也有能力设计。他们都是经历和见证过五六十年代罗定水利设计的人，这样说自然有他们充分的理由。

他们中最坚定的支持者是以陈汝甲、吕醒华为代表的一批技术人员，在主席台下面先后发言，一一列数着罗定建筑和水利建设的"威水史"。

"罗定大桥，始建于明代万历年间，清顺治十四年被洪水毁坏。1958 年，罗定县委召集能工巧匠重新设计施工，最终建成一座四孔石拱桥，连通两岸，民生受惠，而完成这项历史使命的正是罗定本土匠人。"

"对！我们县从 1950 年开始大兴水利，年年搞、件件成。在 20 多年的水利建设中，一批具有较高素质的本土技术人员日臻成熟，他们已经积累了丰富的水利设计经验。"有人大声地说。

"1967 年至 1972 年间，罗定全县已建成引水工程和水库 100 多座，办起中小型水电站 100 多个，修建抽水站 300 多座，安装了 1200 多台水轮泵，都是我们自己独立完成的。"

"建旗垌水轮泵站的时候，很多人说，水轮泵扬程不能超过 64 米，但最后我们还不是建成了扬程达到 91 米的四级水轮泵站？这个高度是全国第一，靠的是自己的技术力量。再后来，分界公社罗星大队还建了一座扬程达 121 米的九级水轮泵站，把河水引上高山，创下了又一个全国第一。"

……

大家七嘴八舌地议论开来，回忆起这些已经建成且由罗定本土技术人员测量、设计、施工的水利工程，大家都精神振奋，一些老技术员更是激动得热泪盈眶。一时间，支持由自己设计渡槽的人占了上风。

这时，县水电局长杨元龙发言了："应该说，罗定水利人是能征善战的，我们罗定的水电技术工人已经走出国门，精湛的技术甚至让外国人都刮目相看！"

杨元龙还列举了一些事例。新中国成立以来，我国政府对外技术援助协议中要派员出援，罗定县作为全国水利先进单位，曾先后派出技术人员 9 人次，其中 2 人出国支援 2 次，1971 年 5 月至 1973 年 7 月，县水电局技术副局长蔡渭昌两次出援几内亚科巴甘蔗农场建设水库及灌区配套工程。

这些出援人员工作表现出色，展现了水利大国、水利强县的风范，让外国人记住了中国罗定这个地方。

"仅仅在 1958 年的 7 月至 9 月，3 个月之内，就荣获 3 个省级以上大奖，分别是省水利电力局颁发的工程管理灌溉第一名（奖旗）、水利建设先进单位、全国水利先进单位，其他的每年都有不同档次的奖励。"

杨元龙的话，就像一块石子扔在平静的湖面上，在人们的心中荡起一圈圈涟漪。

是啊，大家纷纷点头。"花香引得蜜蜂来"，罗定水利如果不行，省水利电力局、国家水电部怎么会将奖项频频颁给一个山区县？外国专家为什么会不远万里来到粤西罗定参观学习？

"罗定人要有自信，对自己的技术力量更要自信，你们大家看看"，杨元龙举了举手中的统计表说："我们水电系统中精英云集，技术力量雄厚，有梁中、吕醒华、张启超、陈汝基、赖天茂等 7 人是水利水电大学本科毕业，陈汝甲、陈子乾、李郁等 5 人大专毕业，还有一大批中专毕业的水利水电技术人员。"

的确，这些专业技术人员，他们通过专业的学

野外测量一丝不苟

习、系统的培训，在工作中锻炼，在实践中检验，成
功设计了不少水利工程，这些工程有的从五十年代开
始，到今天仍然保持着青春活力，正常发挥着作用。

　　"现在不是就有尼泊尔、孟加拉、越南、新西兰、
阿尔巴尼亚等国家的人员来我们罗定学习建设水利水
电的技术和经验吗？"杨元龙继续说。

疑虑就这样在数据和事实面前被打消了。专门赶来参加会议的肇庆地区水电局领导也表态说："罗定提交的报告，我们都反复、认真讨论过，今天听了大家的发言，你们都认为可以，那就让罗定本土设计师承担设计任务吧，地区再派一两个技术骨干支持你们。"

座谈会上，郭荣昌等县领导听得非常认真，时不时在笔记本上沙沙地记着。郭荣昌说："我来到罗定也好几年了，罗定人团结、拼搏，从不向困难低头，敢于挑战，敢为人先，这深深鼓舞着我，我看就这样办，长岗坡渡槽的设计以我们县里的技术人员为主。"

这次会议，足足开了半天。会议决定，由吕醒华、梁中等几名技术人员担任主设计。

夜幕徐徐降临，夜色弥漫，县城的街道慢慢安静了，远处，只看见稀疏的灯火，但县水电局办公楼会议室却是灯火通明，人们仍然在激烈地讨论着。

吕醒华、梁中、李郁、谭仕中等几个人仍在与肇庆地区水电局派来的技术人员孔祥华在交流着自己的意见。他们都是设计团队的成员，也深知长岗坡渡槽设计的难度很大，但是他们相信，这项工程与之前的水利建设项目相比，肯定是无与伦比的"大手笔"，也肯定是一大挑战。

　　直到深夜，吕醒华才拖着沉重的步子疲惫地回到宿舍。今天县委的决定，让他深深感到肩上的压力非常沉重。

　　吕醒华 1962 年在广东水利电力学院毕业之后，就回到罗定县水电局工作，父亲吕雄飞作为技术能手正在葛洲坝大型水电站建设工地上。他已经很久没有见到父亲了，非常想念，此时此刻，他热切渴望父亲就在身边，他有很多想法在脑海里悄然形成，有很多话想与父亲说。当天深夜，他拿起笔和纸，将自己的疑惑，将计划建设长岗坡渡槽枢纽工程的情况一一写在纸上，写了封长信寄给父亲。后来，父子俩就长岗坡渡槽设计的事情，以书信方式进行了多次交流。父亲的来信，不仅给了吕醒华很多关于技术方面的建议，更重要的是在精神上给了他莫大的鼓励与支持。可以这样说，长岗坡渡槽的设计蕴含了吕醒华父子台前幕后的心血。而像吕醒华这样的父子或是兄弟、夫妻一家人共同为罗定水利建设付出的，还有许多许多！

既要敢想，更要科学

　　长岗坡渡槽的设计进展非常困难。县委给出的设计要求就是"既要敢想，更要科学"。这个要求看似简单，做起来却极为不易。很多问题前所未见，需要克服的技术难点，以及如何使用建筑材料和节省投资等一大堆头痛的问题，都要考虑清楚才能设计。

　　在很长一段时间里，吕醒华把自己关在办公室，双手撑在桌上，眼睁睁看着墙上花花绿绿的图纸，想来想去也想不到该在哪里下手动笔。

　　在选型方面，他们通过参考国内外渡槽获得启示，例如国外的西班牙塞哥维亚渡槽、法国加尔渡槽、加拿大布鲁克斯渡槽、俄罗斯戈梅利河向特比图河渡槽等，国内的湖北省宜昌市东方红渡槽、福建省惠安县南塘渡槽、湖南群英渡漕、四川奇峰渡槽等，这些渡槽都有一定参考价值。

　　省钱，这是设计渡槽的一个初衷，但安全稳固更是工程建设的重要前提。罗定人苦怕了、旱怕了，如果所有的资源都倾注在这条渡槽上，却栽了大跟头，那将是历史的罪人。现实情况只允许挥洒成功的血汗，绝不允许流下失败的泪水。所以在渡槽设计上，必须跳出个人感情、跳出原有思维、跳出工程本身，站在罗定全局的角度上调整设计思路，寻找一个更加科学合理、安全有效的建设方案。

开始，吕醒华提出一个很大胆的设计方案，建设无筋渡槽，槽身过水断面为矩形箱式设计。但是肇庆地区水电局和广东省水电局技术人员审核之后，认为这个方案比较冒险，最终决定还是要用钢筋稳妥一些。后来，他们参考"引泗"工程六家渡槽的做法，采用双悬臂梁式设计，可是经过初步计算，全部工程需要钢材 800 吨以上！先不说这样的工程造价太高，不符合县委的要求，就算拿得出钱，当时也买不到这么多钢材。经过反复考虑之后，决定在双曲拱和肋拱这两种结构型式中"择优录取"。广东省水电局审核后建议："长岗坡渡槽的结构型式，以采用双曲拱为宜，因该种结构型式，整体受力及刚性，均较肋拱优越。"

吕醒华家在肇庆，他单身一人在罗定工作。有一

水利工程测量平板仪

段时间，在他的卧室里、桌面上、抽屉里，以及其他有空余的地方，全都堆满了一笔一笔描画出来的设计图纸，有的打开来看，清清楚楚，有的则是改得一塌糊涂，面目全非。很多时候，一支铅笔，一张绘图纸，就可以让他痴迷到三更半夜。有几回，他确实觉得累了、困了，从椅子上站起身子往窗外看去，发觉东方已经发亮了。

很长一段日子，他都没有回过肇庆探家。妻子不放心，赶来罗定看他，见他的房子乱七八糟，床头上还放着换下来没有洗干净的衣服，既生气，又心疼，在房子里默默地收拾了半天。吕醒华回来看见，苦笑

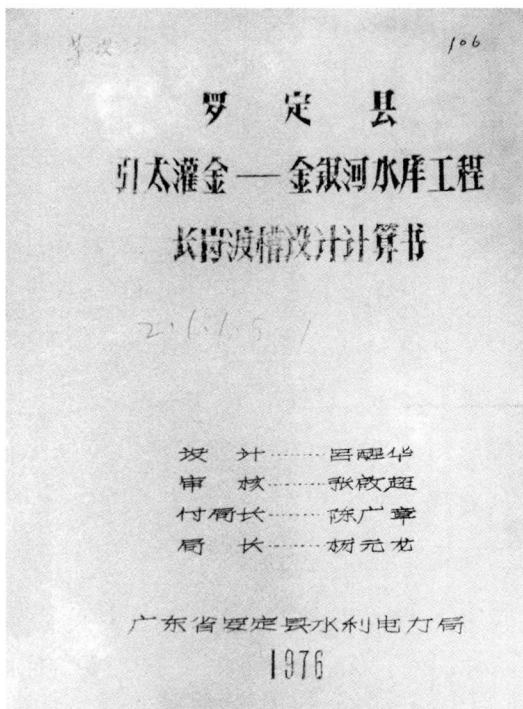

第一稿设计书

着说："没办法啊，渡槽的设计事关重大，不全身心投入，怎么能对得起罗定人民啊。"

　　经过将近一年的反复论证、修改，一份凝聚着设计团队全部心血的《长岗坡渡槽设计计算书》终于摆在了新任书记张超崇的桌面上。在几个月之前，张超崇已经接替郭荣昌，担任罗定县委书记。

渡槽采用双曲拱设计，槽体深2米，宽4米，每秒流量10立方米，用弯板来支承侧板和直接承受垂直水压力，槽侧板用素砼材料做成，可达到尽量节约钢材的目的。

这一天，张超崇叫上李均林，一边看设计方案一边讨论，写下了好几个他想知道的问题。他把吕醒华叫到办公室，单刀直入地问："为什么一定要建渡槽，建设反虹吸不行吗？这样更节约成本。"

吕醒华耐心地解释说："如果建设反虹吸，主要是水头就要降低3米左右，水库蓄水量就减少很多，更不利于日后发电。"

张超崇又问了几个问题，然后对吕醒华说："好吧，我听你们的，你们就大胆干吧，我支持你们。"

可是，吕醒华的设计方案又要修改了。

原因来自两方面。一方面是广东省水利电力局对方案提出了修改意见，建议槽墩较高的一段，采用双曲拱支承带横杆的矩形槽形式，适当加大矢跨比。每隔若干跨设一加强墩或钢拉杆以解决拱圈水平推力问题，以避免因一孔拱圈失事而引起连锁反应。槽身结构可采用纵向拱形底板矩形侧板，侧板顶部设拉梁，以减少槽身钢筋用量。另一方面原因是水流量要增大。县委计划把金银河二级电站引渠工程结合起来办，就是要扩大"引太"渠道，过水流量由原来的每秒 15 立方米增大到 30 立方米，长岗坡渡槽过水流量由原来设计的每秒 10 立方米增大到 25 立方米，渡槽宽度由原来的 4 米增大到 6 米，槽深保持原来的 2 米不变。

这个决定，也引发了许多争论。不少人认为，长岗坡渡槽上游不可能有每秒 25 立方米的来水，就算有足够的来水，渡槽也难以承受这么大水流量的压力和冲击力，渡槽安全存在隐患。

吕醒华、梁中、陈汝基以及肇庆地区水电局孔祥华等技术人员，再次认真查阅相关水文资料，说明水源充足。这样便大大坚定了县委将两项工程结合起来办的决心。

按照新的思路和要求，吕醒华和梁中他们完成了第二份设计方案，报请上级批复。广东省水利电力局和肇庆地区水利电力局经过反复审核，又提出了一些指导意见。这时候，吕醒华因为工作调动到肇庆工作。临走时，他把厚厚的一叠资料和图纸交给梁中。当梁中接过之后，吕醒华紧紧攥着不愿意松手。他双目含泪，动情地对梁中说："这一年多以来，我们走

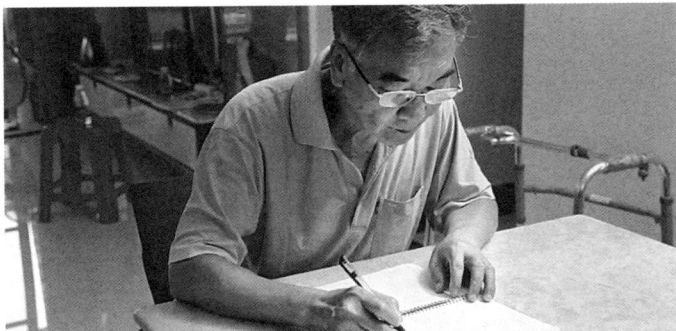

吕醒华在写当年设计渡槽的情况

得多么艰难呀，可惜我不能继续跟你并肩作战了，希望你们好好干，早日完成设计任务。这些资料，你也知道我倾注了多少心血，它简直就像我的孩子一样，不舍得离开他呐。"

之后，梁中和孔祥华按照广东省和肇庆地区水利电力局提出的建议和要求，对方案继续修改完善。最后，他们确定大胆采用要求高、设计施工难度大的肋拱渡槽，槽墩则选择实心重力墩。除几个大跨度的肋拱采用钢筋外，其余 25.5 米和 11.3 米跨度的中小跨度肋拱，都采用无筋拱或少筋拱。渡槽水深 2 米，宽 6 米的矩形过水断面，渡槽纵坡为 1500：1，设计流量为每秒 25 立方米，拱梁按结构配筋在 0.15%—0.2% 范围的肋拱式渡槽设计概念正式形成并得到批准。

　　这种渡槽的特点是结构轻、跨度大、工程量小，可预制装配施工。其支承结构由墩台、主拱圈及拱上结构 3 部分组成，在拱上结构上面再放置槽身。为了进一步减少钢筋用量、减轻自重，采用"钢筋混凝土排架＋预制砼小腹拱"的形式支承槽身，这样既降低排架高度，又减少矩形渡槽底纵梁，不但比采用双曲拱渡槽节省钢筋 300 多吨，而且看上去外观更加完美，层层叠叠，错落有致，富有艺术感，真可谓巧夺天工！

精准的计算

　　渡槽的设计，构件数量多、工序繁、操作难，尤其是各类构件的精准计算，是难点中的难点。

　　所有设计计算，包括水力计算、槽身结构计算、25.5 米跨拱肋梁核算、51 米跨度肋拱计算、51 米跨度支墩计算、25.5 米跨与 51 米跨接头墩计算等，这些计算，非常繁琐、复杂，数据总量十分庞大，稍不留神，就会出现"失之毫厘，差之千里"的错误。每一个数据，就靠设计师们用手中的计算尺和笔杆子，一毫一厘地"锱铢必较"，经过千百次反复计算，才能确定。

　　连拱（多跨拱）墩台计算工作量也非常大，连拱多为不对称墩，133 个墩都要计算，还要计算加强墩能承受单向推力，能承受单侧拱圈的水平推力、竖向力和力矩等，避免产生连拱效应。

　　在进行水力计算的时候，就包括了设计流量、渡

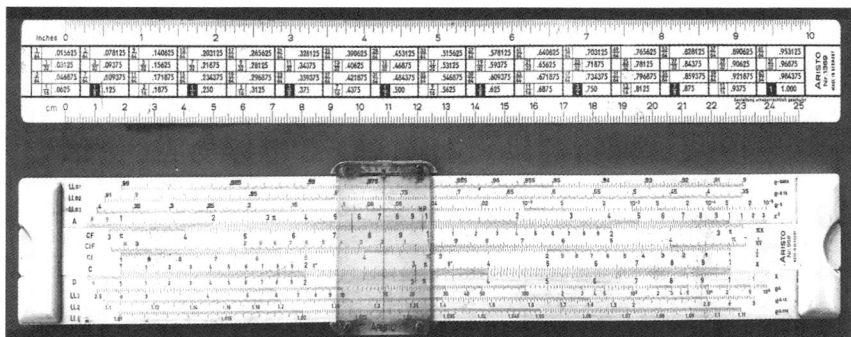

水利工程计算尺

槽水深、底宽、边坡系数、渡槽纵坡、槽身糙率等多项数据。在槽身结构计算中，除了进行侧长、底板、横杆、人行道板计算外，还由于槽底底板所受反力是很难确定的，因此设计者要考虑两种不同假设情况计算，同时也要考虑到最不利情况即极端可能性。

渡槽 51 米跨度肋拱计算，包括肋拱布置的计算、拱梁上架荷重计算、拱梁几何状计算、拱梁应力计算、拱肋配筋面积计算等，总计算结点共 728 个，每个结点都要计算其几何坐标及压力线坐标，并要进行多次试算，使几何坐标和压力线坐标基本吻合。所有计算全部靠人工完成，计算工作量之大，难以想象，数据稍有差错，就会导致工程失败。

大大小小的数据，装在设计师的心里、写在纸

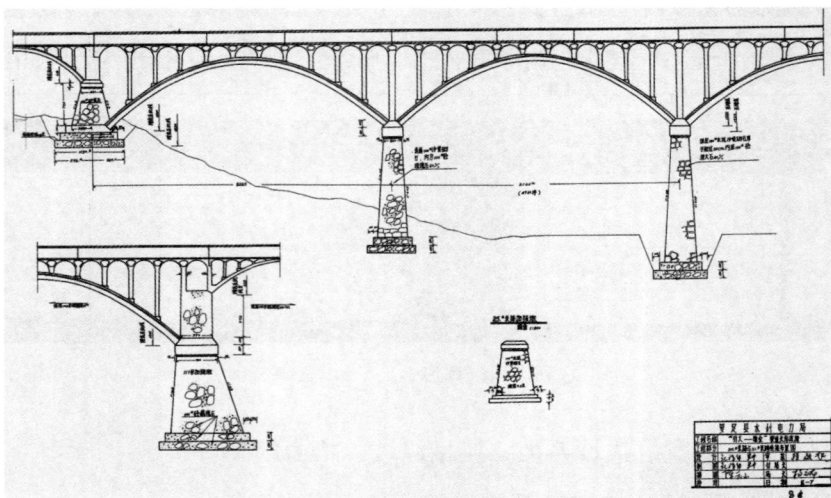

长岗坡渡槽双莲峒地段 51 米跨与 25.5 米跨连接正面图

上、画在图中，在普通人看来，简直就是夜空中的星星，密集繁多，让人看得眼花缭乱，却又皎洁璀璨，让人在黑夜中能找到前进的方向。

设计人员一旦全身心投入到这些复杂的数字计算中，迷恋这些数字时，往往会忘记周围的一切。有一次，梁中得了感冒，头昏脑涨，在计算渡槽 51 米跨度支墩基础平均压力时，得出一个结果为每平方米 54 吨。然后他放下笔，看看表，发现吃饭的时间早过了，便匆匆忙忙向饭堂走去，口中一路叨念着："54 吨，准确吗？ 54 吨，准确吗？"到了饭堂打饭的窗口，炊事员问他："你打几两米饭?"他的思绪还停留在计算中，结果脱口而出："54 吨⋯⋯"炊事员瞪大了眼睛，问他："你说什么?"梁中这才"醒"了，红着脸笑了笑，赶忙道歉："对不起，对不起⋯⋯给我四两吧!"

为了精准的计算、科学大胆的设计，他们确实是耗尽了心血。他们设计、计算用过的纸和笔，后来清理送废品收购站时，竟达到 178 公斤。

第六章　办法总比困难多

- · 穷人的"孩子"巧当家
- · 省吃俭用挤一点
- · 感动上级给一点

穷人的"孩子"巧当家

"不安于小成，然后足以成大器；不诱于小利，然后可以立远功。"明朝思想家方孝孺这句话，总能激励着人们，即使在最困难的时刻，也不轻易放弃理想与追求。长岗坡渡槽建设的困难和艰辛，是可以预计到的，但都是没有办法用言语来形容的，渡槽的建设，成的是大器，更是远功。

1975年9月，正当郭荣昌雄心勃勃准备着手建设罗定水利史上最宏大水利枢纽工程的时候，广东省委决定，郭荣昌从罗定县委书记岗位直接升任广东省委书记（当时设省委第一书记）。

从县委书记一跃成为省委书记，这个既让人惊讶又让人振奋的消息，很快在罗定传开了。全县干部群众为之而高兴！

所有的罗定人都觉得自豪，却又难以割舍，毕竟这位潮安（今潮阳）人为罗定贡献了自己的智慧与汗水，他的为民爱民情怀，已经深入罗定老百姓的心坎。他的离开，罗定人确实很不舍得。然而，如今才42岁的他，有理想，敢担当，年轻有为，走向更高的岗位，就能为更多的百姓服务，造福更多的地方。这一点，罗定人是非常理解和支持的。

很快，接任郭荣昌担任县委书记的张超崇到来了。

离开罗定之前的一个晚上，郭荣昌与张超崇来了一次促膝长谈，谈了很多，谈得很深。当然，谈得最多的，还是罗定的水利建设，特别是就要上马的长岗坡渡槽枢纽工程。

郭荣昌说："罗定历届县委都重视兴修水利，这种薪火相传的优良传统，引领全县人民克服重重困难，建成了一件件、一座座作用和效益都非常巨大的水利工程，解决了罗定大部分地区的旱患，改善了人民生活，我能够参与其中，感到自豪。我还在忧虑的是，罗定的旱患仍未彻底根除，素龙、罗城、生江、双东等地旱患依然，这是我的遗憾。现在，扩大'引太'水渠、建设长岗坡渡槽和金银河水库，彻底解决罗定的旱患，是不二选择，超崇同志，这个既艰难，又迫切的任务就交给你喽。"

"建设长岗坡渡槽枢纽工程是县委的决策，我向您保证，无论遇到多大的困难，我们也要把长岗坡渡槽建设好。"张超崇坚定地说。

"那你就要准备过穷日子啰。"郭荣昌爽朗地笑起来。"郭书记，你都不怕穷，我也不怕啊！"说完这句话，张超崇突然觉得鼻头一酸，差点掉下了眼泪。

以前，张超崇就熟悉郭荣昌，他就是一位不惧怕过穷日子的领导，而且他的穷，是出了名的。

郭荣昌的生活非常节俭，平时在家里吃饭都是"老三篇"，那就是少量的肉、一个青菜、加一个清汤。他的妻子伍美清为了节约开支，从来舍不得买时令菜，每天总是选择在傍晚五六点才去市场买剩菜，因为傍晚买菜价格会便宜一点。

有一年春节快到了，县委机关按规定为县领导班子成员分配了一斤鱿鱼的配额，在食品统配的年代，这是非常难得了，但是伍姨却对办公室的同志说，家里有了，不要了。其实家里哪有了呀，是郭书记交代，不要花这些钱。

夏天天气炎热，郭荣昌家里连台电风扇都没有，每年夏天，看着孩子们热得难以入睡。伍姨就到市场上买回几条大冬瓜，抹掉瓜上的茸毛，让孩子们抱着睡觉，当孩子们睡熟了，伍姨再把冬瓜拿开。

郭荣昌虽然是如此节俭，但是他对身边工作人员却特别关爱，对他们的家庭情况了如指掌，每年春节，都给他们的小孩子发个小红包，并认认真真地在红包上写上"好好学习，天天向上"之类的祝福语，而他自己却从来没收过一个红包，哪怕是自己的亲人给他的红包，也是一概不收。

一位得到过郭荣昌关心的干部到怀集任职后，有一次到罗定公干，用报纸包了一包未曾洁净处理的燕窝（因为怀集有一个燕岩）送到他家里。他回家知道之后，大声质问秘书朱家志："哪里来的？"并当即责令朱家志马上送去招待所，退给那位干部。

郭荣昌离开罗定前一天的下午，张超崇向他提议，是否可以在县委机关饭堂与身边的干部吃顿饭，聚聚情谊再走，郭荣昌也是一脸严肃地说："你也不是现在才认识我，我们不讲这一套。"

刚来到罗定的时候，郭荣昌不挑不拣，就住在县委大院后面的平房里，平时一身粗布衣服，穿一双打着补丁的破皮鞋，骑着单车就下乡。为了罗定水利建设，他时时处处开源节流，把有限的资金和物资，力求用在最需要最有效的地方。他多次与县委班子的同志座谈，希望大家勇于创新，攻坚克难，自己能解决的，就不靠上级，能自力更生的就尽量不买。

正因为郭荣昌这样"穷当家""会当家"，做好了榜样，带动了全县干部更加注重艰苦奋斗、勤俭节约，也为罗定县自力更生开展水利建设打下了坚实的基础。

郭荣昌给张超崇留下的，是一副沉甸甸的担子，也留下了"会当家"、过穷日子的好作风，这是罗定的"传家宝"。

想到这些，张超崇怎能不动情、不落泪？

1975年11月8日，郭荣昌带着对罗定人民的依依不舍，离开罗定，到省委任职。他与秘书朱家志两家人的行李家当，竟装不满解放牌汽车的一节车厢，这些家当，其中就包括了他在罗定没有用完的好几捆木柴。

现在，罗定当家的接力棒交到新任县委书记张超崇的手上了，而他，必须当好这个家。

可是，这谈何容易呢。长岗坡渡槽枢纽工程预算超过2000万元，比全县两年财政收入的总和还要多，就算全县干部一两年不吃饭，也不能满足这样的开支。但是，张超崇意志坚定，充满信心。他相信，新一届县委能够战胜困难，当好这个家。

1976 年初秋，金银河水库建设正如火如荼地进行。罗平公社长岗坡周围的田野山冈也日渐热闹起来。全县水利专业队 2000 多人陆续奔赴工地，进行备料、修路、供电等前期工作，为长岗坡渡槽正式动工建设做好充分准备。

县委成立了长岗坡渡槽建设工程指挥部，由县委常委梁自然担任总指挥。这是县委经过深思熟虑安排的人选，县委要当好家，建设好渡槽，就要选好一个能长期在一线敢于担当、善于担当的带头人，已经在金银河水库建设工地奋战了一年的梁自然，是合适的人选。

梁自然也知道，这副担子很重，但是县委委以重任了，他就要义不容辞，勇于担当。

然而，他面对的困难，远远超出他的预计。

施工没多久，之前早就预想过的困难——出现。

粮食供应告急，木材等原材料告急，工程器械告急……提前 3 个月准备的物资，2 个月不够就全部用完了。

一个又一个要求递到了指挥部，要物资要工具还要人。

工程总指挥梁自然

　　这天县委会议一结束，梁自然就找县委书记张超崇报告工地情况。张超崇听完汇报后立即拍板，对梁自然说："资金从肇庆地区给罗定县的兴修水利专项经费中划拨，不多，但先应付着。粮食由县协调解决，木材及其他材料由你们自己想办法。"

　　金银河水库和长岗坡渡槽两个工地民兵的口粮，主要由各自的生产队供给，民兵自带口粮参加劳动，但工地上还有很多不在生产队领工分和口粮的指挥员、施工员、专业技术人员，每天需要粮食千斤以上。

　　如何保证粮食供给，县委决定，把罗定县每年的余粮拿出 50 万公斤作解决工地缺粮急用。国家机关事业单位（包括医院、学校）、国有企业员工每人每日减量供应粮食二两（0.2 斤），固定供应粮食的城镇居民每人每日减一两，全县每月减少供应粮食 3 万公斤，用于供应工地，这样一年就可以为工地供应粮食 36 万公斤。渡槽建设后期，中央规定不能向群众摊派，这样工地上所有民兵的口粮全部由县统一供应，粮食需求量一下子倍增，本地难以解决这么多粮食供应，县委就要专门派人到外地调粮，已经由农林水战线革委会主任升任县委副书记的陈启开带着粮食局局长长年辗转奔赴湖南等地采购。有一次，他们找到当时在湖南省粮食局任职的老战友，就靠着他帮忙才采购到 100 万公斤的议价粮。这些议价粮的粮价比指标粮高些，但比市场高价粮低些。这样，不但能为工地供应粮食，还大大节约了资金。

　　梁自然在找木材的时候，也是困难重重。长岗坡渡槽建设工地所需的木材，都有本地区计划部门和林业部门的木材购买、运输许可批文。但由于木材资源的短缺，各行各业都有需求，就算有"指标"和"运输批条"，靠等靠排队轮候的方式还是很难买到木材，梁自然一度一筹莫展。

怎么办?

"拦路抢劫"!

万不得已,梁自然作出了一个决定。于是,这位高瘦个子农民模样的总指挥,经常带人在罗定各公社的公路上设卡,拦截过往车辆。专"抢"木材,对所有无合法购买手续、无合法砍伐手续和运输手续的木材一律扣下,作罚没处理,开具处罚的收据,将木材运输到长岗坡渡槽建设工地。有时,梁自然不但"抢"木材,也"抢"车辆,工地车辆不足的时候,他也要求跑空车的到林场帮助运木材,适当给予运输费用补助。这些车辆大多都属于县内各机关单位所有,他们也乐意支援。梁自然这样一"抢",不但解决了工地急需用的部分木材,节约了资金,而且打击了乱砍滥伐林木、破坏森林的行为。

县内的木材不够用,梁自然又把目光盯向县外,还通过亲戚朋友、老乡熟人,四处动用关系来解决木材问题。

郁南县通门林场山多林密,有许多优质木材,又大又直,非常适合工地使用。为了得到这种好木料,梁自然找到郁南籍的罗定县委常委莫北水,托他联络到林场负责人，就直奔通门林场。梁自然把带来的几斤肥猪肉往桌子上一放，紧紧抓住林场负责人的手说："这是我自己花钱买的，带来犒劳一下大家，但是跟在我后面的是罗定县运输站的 6 辆大卡车和 10 多个搬运工人，你必须让我满载而归。"

长岗坡渡槽建设所用的水泥，主要靠罗平公社雀儿顶水泥厂供给，可是供应量远远不够，还是要到外县去采购，其中就包括郁南县河口水泥厂的水泥。

1978 年的大年三十下午，河口水泥厂的工人正在清洁厂区，收拾工具，准备回家过年，这时候，梁自然来了。他来干什么？他有他的打算，正因为是过年了，其他来采购水泥的人就少，他就不用跟别人争，他手里提着的，依然是几斤肥猪肉。

工人们早就认识他了，见他到来，就诧异地问："梁总指挥，都过年了，你还来干什么呀？"

"是，今天是大年三十，只是你们可以过年，我却不能过年，我的工地还在等'米'下锅呢。"梁自然边说边坐在一把椅子上，"你们今天不给我备足水泥，我就在这里过年了。"

果然，梁自然说到做到，当晚，他就在水泥厂不走了，工人们对他的"无赖"行为，也是无可奈何。

这一次，梁自然一次就要了 600 吨水泥。第二天，大年初一凌晨，罗定县物资局、商业局、汽车站等多个单位，都先后接到马上派车到郁南河口水泥厂运水泥的通知。当第一车水泥运到长岗坡工地的时候，已是早晨 6 点，此刻，梁自然正在其中一辆车的副驾驶座位上呼呼地熟睡。

省吃俭用挤一点

在长岗坡渡槽建设工地上，梁自然努力当好他的"家"。在县委，以张超崇为核心的县领导集体，也在各自的工作岗位上，在各自管辖的行业内，为工地建设呕心沥血，劳心劳力，左挪右挤，筹钱筹物，全力以赴支援金银河水库和长岗坡渡槽工程建设。

如何挤钱、省钱，用于保障工地的开支，县委经常开会研究。长岗坡渡槽建设筹备阶段，县委在一次常委会上决定，在上级拨给罗定搞水利维修的资金中划拨 20 万元、在县农林水战线下属的小水电站发电获得的利润部分划出 50 万元、在连州硫铁矿收入中的利润部分划出 30 万元、把省奖励罗定县农业学大寨先进县的 100 万元奖金拿出来，从 4 个渠道共挤出 200 万元作为建设渡槽的资金。

挤出 200 万元资金，那是一种把花生壳榨出油的劲头。挤出这 200 万资金之后，对全县整体资金安排都产生了很大的影响，首当其冲的就是全县干部职工的工资，只好采用暂时性延迟发放的办法。

过惯了穷日子的罗定人，早就养成了勤俭节约的习惯，任何浪费行为都是可耻。在长岗坡渡槽工程建设指挥部，这种节俭的要求，更是到了"苛刻"的地步。上至总指挥，下至每一个民工，大家都自觉节约每一分钱、每一点物资。

县指挥部建立了物资进出审批登记制度，严格并且"苛刻"地做到原材料管理有专人专责，物资进出仓有专人负责审批手续、登记手续，有效地防止了物资出仓漏洞。

指挥部在工地设立劳动工具维修服务站和废品材料回收站，在工地规定的休息间隙或者傍晚收工的时候，来往维修服务站的人络绎不绝，一片繁忙。

围底公社五华大队的陈光来，早年参加过船步山垌水库的建设，在工地做过修理工，这次来到罗平长岗坡，还是"重操旧业"。他手艺纯熟，速度快，非常有名。他还边做边带，培养了好几位徒弟。这些修理人员，全天候服务，专门维修损坏的工具，尽力做到物尽其用，最大限度减少工具的损耗，节约开支。

县指挥部从领导干部做起，不管是施工员还是民

为节省开支，民工自行制作劳动工具

工，做到人人动手，利用工余时间或在工作期间把丢散的物资捡拾回来，一颗铁钉、一个马钉、一根小铁线、一块小铁板、一根木头、一块木板，乃至木工组锯木板产生的木糠、木屑都全部回收变废为宝。据统计，长岗坡渡槽工程从开始到完工，废旧物资回收站共回收铁钉6吨，马钉达到30多吨，水泥纸达170多吨，木料不计其数，有效节省了大量工程原料费开支。

梁自然在工地上节俭，在生活上也是好榜样。他孩子多，生活艰难。有一次，他专门买来"云鼎"（云鼎是岭南一带常用来烹饪的器物，相当于现在的铁锅），拿到指挥部厨房，让厨房王师傅煮完饭菜后，把炉灶里未完全燃烧的火柴夹出来放入"云鼎"内，再盖上盖，这样未烧尽的木柴就会绝氧而熄灭，于是便变成了可再生火的木炭，可以物尽其用。

梁自然利用回县城开会的机会把这些木炭带回家，给年迈的父母做冬季取暖之用，或者烧饭煮菜。当梁自然要按斤结算补款交回公家时，财会知道他家困难，说什么也不愿意收他的钱。他却严肃地对财会人员说："只要是公家的，什么东西也不能白拿回家，木炭是黑的，但干部必须清白。"从此关于梁自然"黑白观"的故事就传开了，大家都被他的这种省吃俭用，紧紧把牢廉洁关的行为和精神所感动。

长岗坡渡槽建设的近5年时间里，建设工程规模如此之大，采购的物资如此之多，参加建设的领导干部又如此之众，却从来没有出现一例浪费行为被通报批评，没有一个负责同志私用建设物资，没有一个干部利用建设工程为自己的亲属谋取私利，更没有一个人贪污挪用工程款。

感动上级给一点

　　长岗坡渡槽枢纽工程是一个大手笔，要花的钱，不能仅仅依靠本县财政支出，要依靠节约去省，还要争取上级单位的大力支持。

　　县委副书记陈启开与县水电局长杨元龙、技术员吕醒华等人一次又一次地从肇庆、广州两地来回跑。他们从罗定到广州，路途漫漫，要经过云浮逐心岭的九曲十三弯道路，还要人车一齐上渡轮过西江码头和马房码头，如果沿途遇上堵车和西江大雾渡轮不通航，则更为耗时费力。

　　有一次，陈启开与谭仕忠又出发往广东省水利电力局争取支持。为了省钱，他们只好蹭顺风车，搭乘一辆从罗定开往广州的大卡车，赶到广州已经是傍晚，他们简单吃了一碗面条，晚上就在一个朋友家里过夜。

　　一个县委副书记来省城办事要坐顺风车，不住旅店只住朋友家，不吃饭只吃碗面条，目的就是要省点钱，自己省下一点，工地就能多用一点。

第二天一大早，省水利电力局的大门刚刚打开，陈启开他们就到来了，这时候还远未到上班的时间，门卫看过他们的工作证和介绍信，就让他们进值班室等候。

见到一位叫梁志清的处长来上班了，陈启开立刻上前，拉住梁处长，说明自己的来意。

梁处长好几次来过罗定调研，知道罗定正在大兴水利，尤其是长岗坡渡槽枢纽工程。他也深为罗定人自力更生、艰苦奋斗、饿着肚子大搞水利工程建设的拼搏精神所感动。

通过梁处长的引领，陈启开向省水利电力局副局长李国简单汇报后，李国想了很久，觉得事情比较重要，他请示局长后，就带上陈启开他们几个人直奔省革委会。

一位分管农口工作的革委会副主任看着头发凌乱、衣服皱巴巴的陈启开和谭仕忠，生气地问："你们干什么弄成这样子？"陈启开把如何艰难来到省城的过程和此行的目的作了汇报。

听过汇报，这位省革委会副主任说："罗定的水利建设，在全省乃至全国都有名气，为广东省争了光，这些，省委和省革委会是知道的，也给予充分肯定。我曾经到过罗定，也亲眼看见过罗定水利战线上简陋的工棚，民工们简单的伙食。现在罗定搞长岗坡渡槽引两河之水入金银河，全面解决旱患，这是为民请命，这是造福百姓。"他表示，一定会把罗定的事放在心上，尽早把情况向省革委会如实反映。果然，陈启开他们回到罗定还没有多少天，省水利电力局就得到省革委会的批准，从秋冬水利维修资金里挤出100万元专门划拨给罗定。

肇庆地区的领导们对罗定的水利建设一直都是十分关心和支持的，对长岗坡工程更是在人员、设备、技术上倾力相助。县委张超崇书记每次到地区出差，都会及时向上级汇报长岗坡渡槽建设工程的进展情况，反映碰到的问题与困难。为了更好地争取上级的支持，他诚恳地邀请地委书记许士杰及地委其他领导安排时间到罗定视察和指导工作。

在长岗坡渡槽枢纽工程开建之后，张超崇经常带着李均林、杨元龙等到肇庆地区的水电局、计委、林业局、物资局等部门去，向这些部门领导汇报长岗坡渡槽建设情况，恳切请求他们对长岗坡渡槽工程建设

时任肇庆地委书记许士杰（右二）考察罗定水利建设工作后合照

给予支持。

1977 年冬，地委书记许士杰率领肇庆地区水电局、计划部门、林业部门、物资部门的主要负责人，再次到罗定检查长岗坡渡槽建设工程情况。

两年前，许士杰来罗定调研检查秋冬水利建设时，就已经当面听取郭荣昌关于罗定县建设长岗坡渡槽枢纽工程，把太平和罗镜两河之水引入金银河，彻底解决罗定旱患的规划、勘测、设计方案的汇报，许士杰还到过罗平公社平垌和长岗坡一带进行过实地视察调研。

　　这一次，许士杰在长岗坡渡槽建设工地，看到工地上大家你追我赶、如火如荼的繁忙景象，他非常高兴。尤其是听到张超崇介绍关于长岗坡渡槽建设过程中涌现出来的一个个感人故事，他深受感动。他对各部门随行的负责人说，罗定县不"等靠要"，立足自力更生，艰苦奋斗大力兴修水利，自筹资金建设长岗坡渡槽，为全地区树立了一个好的榜样，我们都要全力给予帮助和支持。

　　当月，肇庆地区水电局就划拨了 60 万元支持长岗坡渡槽建设工程，建设需要的钢材、木材、水泥三大材料的用材指标也得到妥善解决。

第七章 党旗飘扬

- · 一届接着一届干
- · 党员干部身先士卒
- · 一名党员 一面旗帜
- · 入党申请书
- · 发动群众力量无穷

一届接着一届干

一代人有一代人的使命，一代人有一代人的长征。

历史告诉我们，成功只会眷顾坚定者、奋进者，而不会等待犹豫者、畏难者。事实证明，能够不断建功立业、创造奇迹的成功者，就是中国共产党领导下的广大人民群众。罗定水利建设能够取得一个又一个的成功，最大的后盾和保障，就是各级党委的坚强领导。

1950 年 3 月，全县大旱，八成稻田插不上秧。罗定县委书记谭丕桓和副书记陈汉源一行下乡研究抗旱办法，沿途看到不少群众三五成群，在村口的榕树下上香烧纸钱拜神求雨。谭丕桓心里很不是滋味，他斩钉截铁地对陈汉源说："新中国成立了，老百姓还要借助神的力量，把抗旱的希望寄托在神的身上，如果我们不能为老百姓解决旱患问题，我们这个官就白

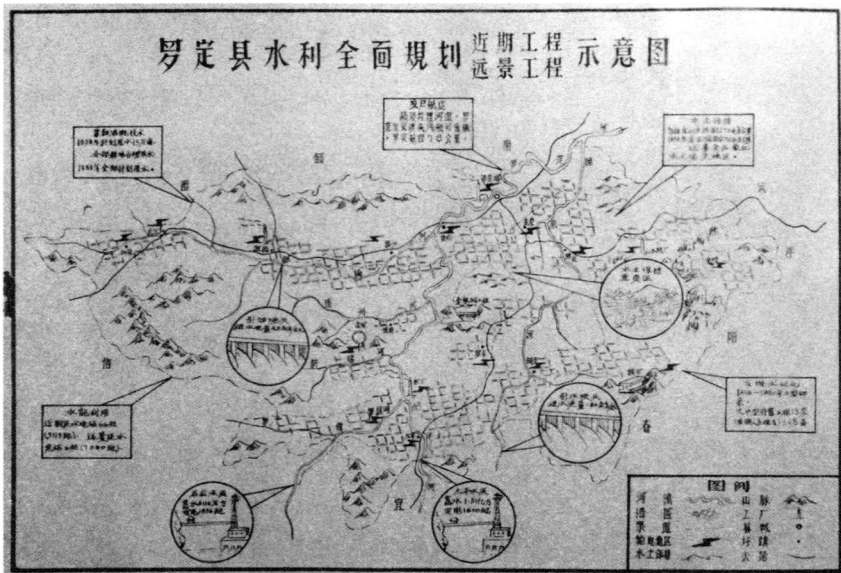

一张蓝图干到底，一届接着一届干

当了。"

于是，从那一届的县委开始，就把"建好罗定水利、解决苦旱面貌"作为县委坚持"一张蓝图干到底、一届接着一届干"的担当与使命。上一任县委书记调走了，下一任县委书记接着干，从20世纪50年代至今从不间断。新中国成立后罗定首任县委书记谭丕桓是这样，到后来的赵连仲是这样，再到郭荣昌、张超崇同样也是如此，他们坚持治水不放松，做到全县一盘棋，综合考虑，持之以恒，久久为功。

接过治水接力棒的新任县委书记张超崇，十分清楚罗定水利建设的历史，他非常渴望在前人打下的坚实基础上，带领全县人民，把郭荣昌"想大的干大的"水利工程梦想变成现实。

在一次研究如何筹措资金建设长岗坡渡槽的县委常委扩大会议上，李均林见大家争议不休，意见难以统一。他便站起来，把手中的会议资料重重地往桌上一拍，并坚定地说："开弓没有回头箭，建设长岗坡渡槽，把'引太''引镜'的水引入金银河，彻底解决罗定的旱患，是县委会议作出的决策，更是罗定人民的热切期望。为了解决罗定的旱患，为使罗定人民以及我们的后代永远能吃上饭，吃饱饭，哪怕大家勒紧裤带过一两年的紧日子，也要把长岗坡工程搞上去。"

李均林的意见，张超崇带头表态支持。绝大多数常委也与李均林的意见一致，最终，会议达成共识，治水不止，奋斗不止，一切都为解决旱患。从此，县委以决战决胜的信心和魄力，力排众议，排除万难，为金银河水库和长岗坡渡槽建设统一了思想。

在全县上下一盘棋的思想指导下，全县所有劳动工具、车辆、物资，不管属于哪个单位、哪个部门，都优先支援金银河水库和长岗坡渡槽建设。县委把县武装部、粮食局、民政局、商业局、物资局、水电局、林业局等多个职能单位的主要负责人，都派到工地的指挥部，战斗在工地第一线。罗定车站的 12 辆货运汽车，大部分调到了长岗坡渡槽建设工地。

张超崇经常住在工地上，白天参加劳动，晚上与指挥部的负责同志开总结大会，定期进行"火线整党"，布置任务与督促检查两手抓。工地上有什么困难需要县委解决的，就马上研究解决，件件有落实，事事有回音，总之一句话，就是要坚持发挥县委和各级党组织的力量，紧紧围绕顺利推进工程建设的目标，发生任何困难与问题，均能第一时间得到解决。

副书记李均林在金银河工地、"引太"扩渠工地来回奔走，到处都可以看到他忙碌的身影，他长期分管农林水工作，对于这个能够彻底解决罗定中部片区旱情的长岗坡渡槽枢纽工程，更是倾注了大量心血。

罗光水库位于分界公社。作为长岗坡渡槽枢纽工程的配套工程，一早就在计划蓝图之内。项目得到广东省水利电力局批复之后，罗光水库于 1976 年 7 月开始修建，县委副书记陈启开担任总指挥。水库施工

罗光水库

后不久，上级领导认为水库条件好，提出把总库容规模扩大到 4000 万立方米，但在 1979 年国民经济大调整的形势影响下，罗光水库被列入了停建缓建工程。这个时候，水库主坝工程上游已填土 13 万立方米，坝面高程达 274.4 米，拦洪库容可达 590 万立方米。

1980 年 11 月，当李均林接任罗定县委书记时。他毅然挑起了这副担子，并于 1984 年，以罗定县人民政府名义提出《关于罗光水库复工的报告》，很快得到上级批准，罗光水库复工建设。在两任县委书记的接力建设下，终于建成了库容 2840 万立方米的罗光水库。

正是由于一届又一届县委主要领导的步调一致，目标坚定，坚持不懈，使长岗坡渡槽枢纽工程建设得以顺利推进，也使罗光水库自成系统可以独立灌溉发电，同时又成为长岗坡渡槽枢纽工程重要的组成部分，通过它的库容调控，使长岗坡渡槽即使在枯水期也能保障正常的流量，确保了金银河水库的总体蓄水量，长年发挥出工程效益。

这都是一届接着一届干的充分体现，是全县上下一盘棋的充分体现。

县委是这样，各级、各部门也是一样，咬定青山不放松，不管条件多么困难，不管领导如何变动，都是紧紧围绕县委的治水蓝图，全力以赴，坚持干下去、干到底。

地处罗定东大门的金鸡公社，境内属云雾山余脉的石灰岩地区，喀斯特地貌明显，一直是罗定出名的苦旱地区。那一天，升任县革委会副主任的余湘就要离开金鸡了，接任他担任公社书记的陈海顺已经来报到。交接仪式完成后，余湘拉着陈海顺来到金鸡犁木

金鸡地下水库

坑水库的大坝上。

"余主任，你拉我来这里看风景吗？"陈海顺觉得大惑不解。

"这个水库，我们公社耗费了两年时间，动用了全公社的力量才建成，你看怎么样？"余湘说。

他们面前，是碧绿的水库，水波荡漾。岸边青草害羞地弯下了腰，像在向着人们点头示意，微风轻拂，让人心旷神怡。

"环境真好啊！"陈海顺脱口而出。

"陈书记，金鸡的发展就靠它了，但是一个水库还不够，希望在你的任上能够再多搞几个水库。"

陈海顺终于明白余湘带他来这里的用意了，此刻，他的心中也像这个水面一样，微波荡漾，思绪万千。他说："我会接好这个治水棒，努力把金鸡治水的好传统发扬下去，争取把水利建得更好。"

"好！"余湘说。

两个人的双手紧紧地握在一起，互相对视着，爽朗地笑起来，笑声在青山中回荡，传得很远很远。后来，陈海顺组织建成了小一型狮子头水库。

一届接着一届干，一级带着一级干。"咬定青山不放松，立根原在破岩中。千磨万击还坚劲，任尔东南西北风。"罗定历届县委和各条战线的领导干部，就是坚持这样的韧劲，凝心聚力，持之以恒，带领着全县人民，迎难而上，治旱不止。

党员干部身先士卒

"火车跑得快，全靠车头带。"党员干部率先垂范，这是我们党的优良作风，也一直是参与罗定水利建设过程中党员干部身上体现出来的鲜明特点，在长岗坡渡槽枢纽工程里体现得更加突出。

县委书记张超崇和副书记李均林，他们经常一起到建设工地参加劳动。久而久之，要找他们请示和批示的人都知道，白天，只有在工地才能找到这两位领导。

有一次，县委办公室的人从县城来到金银河水库工地，要找张超崇签文件，明知道他是进了工地的，可是到指挥部一问，大家都说没看见，后来转了好几处，才看到了张超崇和李均林正在拉大板车。

有一天傍晚，拉了一天大板车的张超崇来到指挥部，了解工程进展情况。聊到最后，张超崇问："还有什么困难需要我协调解决吗？"

时任罗定县委书记张超崇

　　梁自然一本正经地说："上一次那批汽轮车非常好用，工作效率大大提高，只是数量有点少，能不能再增加一二百辆？"

　　"好，我去想办法。"张超崇回答得非常干脆。

　　当晚，张超崇回到县委大院，就吩咐秘书把物资局局长叫来办公室。一见面张超崇就问："我给你一个星期的时间，准备好300辆汽轮车，能解决吗？"

　　物资局局长面有难色，他说："张书记，我们最近购进的汽轮车大部分都送去工地了，市场供应的数量不多，仓库也没有库存了，300 辆汽轮车，有些困难。"

"现在金银河和长岗坡都需要大量汽轮车，你多想想办法，一周后，也就是 11 月 7 日，我在长岗坡工地等着你。"张超崇说。

一周后，张超崇刚到工地不久，就见到几辆货车浩浩荡荡开进工地。物资局局长从一辆车的副驾驶座位跳下来，他见到张超崇就高兴地说："张书记，汽轮车我送来了，一共 303 辆，我超额完成任务了。"

"好，超额完成任务，奖励你。"听到张书记说奖励，物资局局长倒是很意外，他问道："张书记，您打算怎样奖励我呢？"

"多出来的三辆汽轮车，你一辆、我一辆、李副书记一辆，你跟我们一起到工地上拉泥去。"张超崇说完，拉起汽轮车就走。

物资局局长苦笑着说："张书记，您就是这样奖励我啊！"然后，他也拉起一辆汽轮车，跟在张超崇和李均林后面，往工地拉泥去了。

看到这情形，在场的人都哈哈大笑起来。

李均林长驻金银河水库，他经常和民工一起睡工

时任罗定县委书记李均林

棚,吃大锅饭,参加工地上的劳动,拉车、抬石、挖土方,什么都干,他还积极种瓜菜供应厨房。有一次,他从仓库里借出来一把铁锹去围菜园,匆忙之中竟忘记放哪儿了,他便主动向仓库上交了3元钱作为赔偿。

梁自然自从做了工程总指挥,人就像长在了工地上似的，不但和建设者们同吃同住同劳动，而且为了保证工程进度，确保工地物资的供应，他东奔西走，起早摸黑，每天都是第一个到工地，准备完木材就去落实水泥，还要去组织担河沙。

有一段时间河沙供应不足，梁自然亲自来到古勇沙场了解担沙情况，连夜召开会议，研究怎样确保河沙供应的问题。这次会议作出的决定是"发动党员晚上担沙"。梁自然找到古勇大队的支部副书记黄天德，让他组织党员突击队去落实，确保每人每天担沙2吨。黄天德他们曾经连续一个多星期白天黑夜都泡在河里，把一担担的河沙挑上岸，挑到沙场，然后运向工地。

有一年中秋节，工地难得放假半天，梁自然回到家，已经是晚饭时候，妻子蔡带正在厨房里忙碌着。他推门进屋，只见小女儿正在客厅的竹椅上玩弄着一把蒲扇，于是他伸开双手就要去搂抱一下。

谁知小女儿一见到他，却像受了惊吓，"哇"地哭出声来，撒腿就往厨房里跑，躲在妈妈的背后。

"你看，你把女儿都吓哭了。"蔡带一面哄着女儿，一面嗔怪着自己的丈夫。

"我也没吓她呀，我就想抱一抱她……"梁自然讪笑着说。

"你啊，再不回来，儿子女儿都不认识你了。"蔡带说。

梁自然只得继续赔着笑脸，却一下子不知所措，内心泛起了阵阵酸楚。对于工作，他是尽心尽力的，对于家庭，他却是无比愧疚啊。

领导干部一个样，党员群众一个样，张超崇、李均林、梁自然都是这样。一顶草帽，一条大毛巾，卷起大裤腿，一进工地，就分不清哪个是干部，哪个是民工。

工地常见总指挥，经常身水及身泥。

常找民工来倾计，鼓励大家敢作为。

……

挖沙担沙人几亲，古勇支书带头人。

民兵青年紧紧跟，劳动好似去参军。

……

这是附城公社何东海按照工地的见闻，创作的一首泷州歌《长岗坡精神永发光》，这首歌，唱出了领导干部的旗帜形象。

一名党员 一面旗帜

一名共产党员，一面旗帜。在长岗坡渡槽建设过程中，广大共产党员牢记宗旨，不怕艰苦，永远冲在最前面，做工地带头人。他们的一举一动，影响和带动着全体群众。

附城公社民兵营年轻党员、副营长谭光汉，他先后参加金银河水库坝基建设和长岗坡渡槽建设，负责施工、统计和附城指挥所的通讯报道。

谭光汉时时刻刻牢记党员的身份，对自己要求严格。他白天参加劳动，晚上统计当天各人的工作量，计算好土方数。另外，每日还要写几篇通讯报道，表扬先进，鞭挞不良风气，当他忙完所有的事情，经常是深夜十一二点了。

这一年，国务院批转了教育部《关于1977年高等学校招生工作的意见》，中断十年的高考制度恢复了。谭光汉正好符合参加高考的条件，谭光汉报了名参加高考。可是工地工作忙呀，他哪里有时间去复习应考呢！上级通知他回去考试时，他说，我自己的工作任务繁重，牵涉到 11 个大队的石料供应进度，一时半刻也找不到人替代。于是他毅然放弃了一个改变人生的好机会。

一直盼望着儿子考上大学的母亲急得直跺脚，几次三番派人去工地催促他回去复习备考，但是他不为所动。那年冬天，全国 570 多万名考生参加了"文化大革命"后的第一次全国高考。而谭光汉，他选择了人生道路上的另一个"高考"——争当一名优秀共产党员。

素龙公社凤塘大队的党员唐岳泉，他参加长岗坡渡槽建设时，小女儿刚刚出生，但为了响应上级的号召，为家乡水利建设贡献一份力量，他还是离开了家。等他回家时，女儿已经学会走路了。有一次，他难得回到家里，却听到了他的儿子因为想念他，坐上邻居的顺风车去工地找他的消息。他骑上自行车直往工地赶，但在半路上自行车爆胎了，回到工地时，已是晚上十点多，想见爸爸的儿子已经在工棚里睡着了。

梧滨公社山河大队的党员吴其男，担任山河村民兵小分队的队长，带领 26 名民工建设金银河水库副坝工程。1978 年 4 月初，他大腿处生出了一个疮，医生诊断并建议他不能进行剧烈劳动。他却说，自己作为小分队队长，身体出现小问题就退缩回家休息，会影响大家的工作情绪，更会影响工程的进度。他毅然坚守工作岗位，只在工地附近找些生草药自我治疗，继续和大家一起挖土、运泥。他带伤上阵的行为，鼓舞了全体突击队员，使山河村民兵小分队提前完成了工程任务，得到了工程指挥部的表扬。

罗平公社的武装部副部长党员曾汉英，是罗平民兵营的营长。金银河水库建设动工之后，他就带着数百民兵参加劳动。1976 年底，他又带着民兵来到长岗坡渡槽建设工地。曾汉英的家离工棚不到一公里，但是为了安排工作和处理事务方便，他坚持与民兵一起，住在简陋的工棚里，家里的一切大小事务均压在妻子身上了。

他的父亲曾业科，是个老党员，他理解曾汉英肩上的责任，没有责怪他，只是轻描淡写地劝说他能多点照顾家庭。而曾汉英的妻子，就对他颇有怨言。小儿子出生的时候，他正在工地上忙碌，离不开，别人告诉他好消息，他只是内心暗暗欢喜。直到一个星期之后他才回到家里，妻子一肚子的气，连孩子都不让他抱。

还有一次，曾汉英刚回到家里不到半天，又要回工地了，妻子送他出门时，突然站着问他："你真的这么狠心吗，这个家，你还要不要？"说完，黄豆般大的泪珠在脸上滑下。

曾汉英刚想向妻子说些什么，话还没说出口，只见妻子一下子把旁边的儿子拉过来，扯下他的上衣，推到曾汉英跟前，就咬着嘴唇，哭着进屋了。曾汉英看着儿子，只见他又瘦又黑，身上条条肋骨清晰可见。由于缺乏营养，缺少照料，孩子的身体已经瘦得让人心酸！

顿时，这个在工地不管多苦多难都不吭一声的汉子，再也忍不住流下泪来。他默默地帮儿子穿好衣服，轻轻地抱了一下，然后一咬牙，含着泪，大步往工地走去。

入党申请书

　　初秋的中午，太阳没有那么猛烈了，但是微风吹过，依然带来阵阵热浪，民工已经收工回到各自的工棚，准备吃中午饭，凌乱的工地上，已经由之前热火朝天的繁忙变为平静。几个戴着草帽的施工员在巡视，工地的大喇叭一会儿播放着《解放区的天是明朗的天》等革命歌曲，一会儿播报着工地的先进事迹。

　　"双东大众大队党支部书记邓海石，把队伍中的共产党员组织起来，组成党员突击班，他们以大寨人为榜样，发挥共产党员的先锋模范作用，专挑重活累活险活，抢晴天，战雨天，日夜苦战，超额完成挖土方任务。党员突击班的成员有罗文汉、罗文昌、陈江南、李荣才……"

　　泗纶公社民兵营的民兵一边吃饭，一边听广播。新城大队民兵赖河听了一会儿，越听就越觉得不是滋味，于是，他端着饭碗走到大队支书陈卓文身边抱怨说："今天广播表扬了好几个公社的人了，就没有一个是我们公社的，我们的工作不比他们差呀！"

陈卓文笑了笑，说："你没有听全吧，广播一开始就说了，今天专门宣传各公社的党支部和党员的，表扬这些党员为全体民兵带了好头，树了好榜样。"

这时候，广播里又传出了广播员清脆而又悦耳的声音。

"一名党员就是一面旗帜，一名党员就是一根脊梁。在热火朝天的工地，我们看到，哪里任务最重、哪里困难最多、哪里最危险，哪里就有共产党员的身影。在万众一心、众志成城建设渡槽的动人乐章里，共产党员的名字最闪亮。"

"最闪亮，最闪亮，就他们闪亮。我不是党员，但我哪里都不比他们落后呀。"赖河很不服气地自言自语。突然，他对陈卓文大声说："陈书记，我也要入党！"

"好呀，这是积极上进的表现，我支持你，我还可以教你写入党申请书呢。"陈卓文站起来，高兴地说。

"我也要入党！"这时，旁边的罗汉钦也大声说，"我也不能落后，我早就想申请入党了。"

"我也加入。"

"我也是。"

一时间，要求入党的响亮声音此起彼伏。

当晚，泗纶民兵营就先后收到了 11 份入党申请书。很快，这些入党申请书就递交到县工程指挥部，交到了梁自然手上。

梁自然捧着这叠入党申请书，犯难了。他说："这怎么办才好？我们指挥部是临时党支部，不能吸收党员的呀！"

听到梁自然这样说，正在看文件的副总指挥罗瑞生与谭伙新不约而同地站起来。罗瑞生拉开办公桌的箱子，拿起一大沓申请书一边翻一边对梁自然说："我正想跟你说这件事呢，我手上已经收到了好几个公社民兵营交上来的入党申请书，看，这是素龙的，这是黎少的，这是附城的……"

"我也收到了。"谭伙新也搭话说。

几名指挥部的领导一边翻看着这些入党申请书，一边商量起来。

长岗坡渡槽建设如火如荼，党的旗帜高高飘扬，鼓舞着大家奋勇前进。这一份份入党申请书，彰显着这些年轻建设者听党话、跟党走的坚定决心。

部分民工党员合照

"我们应该鼓励这些年轻人上进，更不能影响了他们积极向党靠拢的热情!"梁自然说。

最后，他们决定，把这些情况向各个公社的指挥所作通报，对这些要求入党的青年民兵加以考察，推荐他们回各自单位申请加入党组织。

梁自然把所有入党申请书都收集起来，拿到指挥部广播室，递给广播员廖美景，说:"把这些申请书当作特别的决心书，广播出去。"

就这样，一份入党申请书，代表着一份忠诚，一份担当，一份奉献，通过广播传遍整个工地，传到每一位民工的心里，汇聚成一股股强有力的正能量。

听到广播，民兵们心潮澎湃，深受鼓舞，激动万分。

"我们也要在火线上入党！"

从那以后，县指挥部经常收到充满激情、催人奋进的入党申请书。

这些入党申请书，既代表着青年们的满腔热血，也成为一股强大的精神动力，鼓舞着大家以更加昂扬的斗志、更加刻苦的精神投入到建设中去。泗沦公社新城大队的赖中培在工地上碎石，他自从递交入党申请书之后，就更加严格要求自己。有一次脚下的石头突然滑动，他一锤敲打在自己的脚趾头上，顿时鲜血迸出，钻心地痛。可他只是到医疗站简单包扎止血后，又继续回到工地工作。

罗平公社竹围大队的廖美嫦，她听到广播后，内心泛起了涟漪，激动起来。

廖美嫦父亲叫廖进芳，新中国成立初期参加了土改队，斗地主分田地，帮助穷苦百姓闹翻身。土改结束后，光荣入党，做了中学教师，是当地颇有名气的人，对共产党一直有着浓浓的感恩之情，这种情怀，也一直影响着廖美嫦，在她心目中，共产党是伟大的，共产党员是先进的。

在上工地之前，廖美嫦就有入党的强烈愿望，她问父亲："爸爸，我怎么才可以入党呢？"父亲给予她严格的要求和积极的鼓励。

长岗坡渡槽开工之后，廖美嫦先参加了挖土方的工作，后来和同村的几个姐妹一起来到罗平石场采石，天天搬石头装车，碎石子。工作虽然辛苦，可廖美嫦总觉得自己有使不完的劲。

现在工地上掀起入党热潮，廖美嫦心里越来越不平静，想入党的思想愈发强烈。有一天，广播喇叭又在宣传先锋党员的事迹，廖美嫦竟然停住脚步，静静地站着聆听。

罗平石场的总指挥张炳南看见了，觉得奇怪，走上前去问廖美嫦："你怎么啦？"

"我可以入党吗？"廖美嫦反问起张炳南。

听到这句话，张炳南不禁打量起廖美嫦来。他对廖美嫦印象非常深刻，这个姑娘平时性格活泼开朗，工作风风火火，什么事都冲在前头，很多男民兵都乐意听她的，很有感染力，张炳南对她非常欣赏。

"我认为可以，但是我说了不算。"张炳南说。他鼓励廖美嫦大胆向党组织靠拢。第二天，廖美嫦就向县挥指部递交了入党申请书。

之后，廖美嫦经常主动接触张炳南，跟他说起怎么做一名合格党员的事情，你来我往，两人就慢慢熟络起来。廖美嫦看见张炳南管理石场很有方法，安排分工、组织装车、处理问题井然有序，对人热情有礼，深得指挥部领导信任，她觉得张炳南今后一定有出息，悄然对他产生了爱慕之情。两年之后两人结婚了，在这两年时间里，廖美嫦先后递交了四次入党申请书。

罗平公社黎亚锐、黎森林、陈炳灿等一批批表现优秀的青年民兵，也在工地上递交了入党申请书。

在长岗坡渡槽建设的 4 年多时间里，县指挥部共收到入党申请书 411 份。长岗坡渡槽建设工地，像一座灯塔，像一所党校，像一座熔炉，洗涤人的灵魂，锤炼人的意志，升华人的品德。

长岗坡渡槽建成之后，很多当年的入党申请人，都如愿加入了中国共产党。不少人还成为党支部书记、优秀干部，成为各级的中坚力量。

发动群众力量无穷

发动群众，力量无穷；依靠群众，无往不胜。

人们牢记毛主席"只有人民才是创造世界历史的动力"的教导。依靠群众，发动群众，这是我们党取得一个个重大胜利的法宝。

建设规模宏大的水利工程，重在发动群众！这一点，县委指导思想非常明确。资金不足、器械不足、人力不足，都可以通过发动群众来解决。

党为人民，人民向党。新中国成立以来，罗定历届党委都坚持为人民谋幸福。彻底解决全县苦旱问题，这是县委对老百姓的关怀。党是为人民服务的，听党话，跟党走，大家心里都是这样想。于是，大家热切盼望着工程早日动工，盼望着能够参加到这场大会战当中去。

罗定是人口大县，20 世纪 70 年代，罗定全县人口总数已是 70 多万，其中属于劳动人口的有 28 万多。

于是，在长岗坡渡槽枢纽工程建设中，这些劳动大军便在各公社、各战线的协调指挥下，分期分批来到工地第一线，担沙、挖泥、运材料、采石、建隧道，各尽所能，人尽其用。其中罗平、素龙、黎少、连州、附城等几个受益公社或与工地相对邻近的公社，参战民兵最多，一次参战人数就达数百上千人。罗定外出"走三行"的泥水匠、铁匠、木匠、石匠达数万人，他们得知家乡要建设金银河水库和长岗坡渡槽的消息，也陆续回乡，参加到建设大军中来。

县委要求县属所有机关单位的干部，都要定期到工地参加义务劳动，全县高中以上的师生，在暑假和

学校师生在工地参加义务劳动

寒假期间，都分批组织到各大水利建设工地支援建设。按规定，每一位生产队的劳动力，每年都要有15天不计报酬的义务劳动。县委要求，将这15天义务劳动时间，在春冬两季集中起来，全部安排到金银河水库、长岗坡渡槽建设、扩大"引太"干渠等重点工程的劳动中去，集中力量办大事。

县委工程指挥部负责加强一线组织领导。各公社的民兵，由公社党委组织，武装部统领，建立民兵营，分别成立指挥所，与县指挥部进行工作对接，协调指挥各公社民兵进行建设，管理所属地区劳动力的组织调配、队伍管理和后勤服务等工作。

县指挥部与各公社签订《责任书》，明确每个公社的施工地段和完成时间。由各公社安排到大队、生产队两级组织落实。后勤保障由各个生产队负责，供应民工口粮，同时以记工分的形式作为民工的报酬。

一石激起千层浪。各级、各部门、各单位，靠广播宣传、发《动员书》、拉横幅、张贴通知，广泛发动干部群众上阵。

双东公社的大众、大同生产队附近一带是缺水极其严重的地方，当地群众都旱怕了，长岗坡渡槽建好之后，他们就是直接受益人，大家纷纷响应，主动报

全县各地青年主动报名"参战"水利工程

名参战。

"我参加，我是年轻人，刚退伍回来，有力气。"

"我也参加，我爸爸不在了，弟弟还小，妈妈要照顾他。虽然我是女生，但我可以上阵。"

"我年纪虽然有点大，但我是个赤脚医生，到工地上可以和大家有个照应，算上我一个。"

……

不到一个晚上，大众生产队队长陈水秀的本子便写上了满满一页纸的名字。

"李华西，你第一批上阵，去罗平参加渡槽建设。"生江公社碗窑大队在发动民兵和社员的时候，党支部书记李英海向儿子下了命令。李华西在家里是老大，初中刚毕业在家，弟妹们尚年幼，本来应该在家照顾家庭。但是，李英海要他带头上工地。

"党支部书记的儿子李华西带头去渡槽建设工地劳动，我们还能落后吗？"社员们说。

在他的带动下，碗窑大队第一批派出参加长岗坡渡槽建设的50多个名额，很快就满额了。

素龙公社是全县人口最多的公社，在外"走三行"的人员也比较多，他们知道家乡要建大型水利工程，尤其是这次的水利建设工程直接关系着素龙公社等中部地区的利益，很多人都放弃外出务工的机会，纷纷回来请缨参加全县水利工程建设。

连州公社的组织委员王耀华，接到指令之后，他连续几天几夜奔走宣传。那天，他召集了大队干部、民兵营长、生产队长开了个简单的通气会，说："当年连州修建蒲峒水库时，其他公社也派人来帮助，如今连州不怕受旱了，我们就要饮水思源，多派人手上工地。"仅官田大队第一批就有30多名青壮劳力上了工地。

　　按规定时间，全县 24 个公社的民兵都分别到达工地。群众发动起来之时，就是工程建设高潮掀起之日。

　　工程开工之后，指挥部一个月进行一次"先进民兵营"评比，表扬先进，鼓舞士气。不过，在第一次进行表彰的时候，就产生了争议。

　　"附城民兵营！"当宣传先进民兵营名单的时候，人们纷纷议论起来。原来，附城公社的民兵在报到的时候，比指挥部规定的时间迟了一点，当时，县委还专门对附城公社书记进行了批评。

　　"他们明明是集体迟到了一天，怎能评上先进，是不是弄错了呀。"有人嘀咕着。

　　"对呀，我在大喇叭也听得很清楚。他们的书记还作了检讨的。"旁边的人也答了一句。

　　当指挥部领导说清楚附城公社获奖的原因之后，大家就明白了。

　　为了做足出发前的各项保障和思想动员工作，虽然影响报到时间，但事前准备工作做得充分，附城公社的民兵一到工地就能马上进入工作状态，保障到位，干劲十足，完成任务的速度自然就比其他公社更

"参战"前思想动员

好更快。

罗定水利建设成就的取得，主要原因是各级党组织核心作用发挥得好，无论什么时候，鲜红的党旗都在水利建设工地上高高飘扬，党员处处在发挥先锋模范带头作用。组织带党员，党员带群众，形成了一股强大的力量。

第八章　团结协作力量大

- 大协作　大会战
- 报酬再少也要干
- 个人吃亏是小事
- 没有受益也要参战

大协作　大会战

罗定兴修水利，历来一以贯之。

1950年开始，全县以民兵为主，组成了浩浩荡荡十二万人的水利建设大军，为修筑山塘、水库，建设引水渠、水轮泵站、水电站曾掀起一个又一个高潮。

"万人大会战"！

大家已经记不起这个名词是怎样叫响的，也记不起什么时候从建设哪个水利工程开始启动，反正不管谁来到工地，看见的都是人头涌动、人山人海。

1969年，县委组织万人大会战建设青桐电站，各公社都组织队伍来参加建设。当天的太平中学也接到了支援建设青桐电站的任务，高二级班长良法与全班50多名同学，还有学校的文艺演出队，他们在校长的带领下，奔赴青桐电站工地参加义务劳动。这些风华正茂的青年学生，他们队伍整齐，朝气蓬勃，干

建设中的青桐电站

劲冲天，成为工地上的又一支生力军。

　　建设青桐电站是这样，建设山垌水库是这样，建设湘垌水库是这样，建设旗垌水轮泵站也是这样。县里一上马大水利、大工程，全县干部群众就齐出动，采用人海战术，蚂蚁啃骨头，工程建到哪里，群众就干到哪里。

　　1976年10月，傍晚，太阳被厚厚的云层遮挡着，但它的光芒怎能被遮挡，一束束光线穿透云层，映红了天边，霞光遍地，美景如画。

一个中年汉子，站在一个叫长岗坡的地方，向着西北方的青山张望。他就是梁自然，罗定县委常委、新任命的长岗坡渡槽建设工程指挥部的总指挥。梁自然张望的地方，叫花鹿坑。翻过山冈之后，就是正在如火如荼修建的金银河水库工地，梁自然曾经在那里，度过了一年的时光。

一年前，金银河水库正式开建，一声炮响，红旗漫山，高音喇叭播放着革命歌曲，响彻山野。山上山下，密密麻麻都是人，队伍蜿蜒逶迤，仿若叶片上细小的叶脉，不断向远处扩散着、伸展着、延长着，队伍越拉越远，面积越扩越宽。全县民兵带着简陋的工具，带着一颗不向命运屈服的雄心来到这里，要用石头，自己开采，没有机械，肩挑人扛。即使日晒雨淋，即使风餐露宿，即使筚路蓝缕，也誓要让山河低头。这场面多么壮观，歌声多么雄壮，口号多么响亮，干劲多么宏大，这是波澜壮阔的画卷，这是感天动地的传奇！

明天，就在明天，将会有千军万马齐聚长岗坡，开一场大会战的誓师动员大会，揭开一场改天换日、

水利大会战工地一角

改变命运的战斗序幕。此刻，他心潮澎湃。

"走，阿梁，我们再去看看准备得怎么样。"梁自然对他身边的施工员梁坤元说。

他边走边看，不远处的小山坡，一排排的工棚已经搭建起来。全县各公社、大队、生产队的民兵，纷纷在工地上竖起了自己的旗帜。旗帜漫漫，比古战场上安营扎寨的壮丽场景有过之而无不及。

"我们看看各公社的人手怎样？"

梁自然说完，大步流星地走向了工棚。素龙营里，聚集了许多专业拉大板车的好手，看着他们精神抖擞的样子，梁自然满意地点了点头。

"炸石工、泥水工都是黎少公社挑选出来的好手，他们都参与了县内外不少大项目的建设，经验丰富。"黎少施工队的陈东华自豪地对梁自然说。

"那就好，有你们这帮能工巧匠，我们就信心倍增了。"梁自然回答说。

出了工棚，梁自然赶到水泥仓库，察看水泥储备。梁坤元告诉他："目前已经建好 9 个水泥仓库，规划建设的 15 个，正在分步落实，那些木厂、铁厂都已经建好，分布在工地沿线，方便运输。"

"知道了，多看一看，更放心些。"梁自然知道，这一次县委组织那么多的力量，哪一个环节都不能出差错。

梁自然放眼四周，看见四周宣传标语不少，"艰苦奋斗，自力更生，解决旱患，人定胜天""争分夺秒抢时间，鼓足干劲争上游""多投工、多吃苦、多流汗""学大寨，艰苦奋斗做榜样""炼红思想人大干，齐心建设新罗定"……一条条、一幅幅，它们和工地上的红旗交织在一起，那是精神的展现，那是奋进的号角，那是激动人心的力量！

誓师大会明天才举行，但是在梁自然的心目中，长岗坡渡槽建设的大会战，早早已经打响。

县机关向长岗坡工地运送粮食物资

半年前，县委就已经为长岗坡渡槽建设工程做足准备工作，县委常委、革委会领导班子成员，全部分赴各条战线，把全县各单位各公社都组织起来、动员起来，参与到这场宏大的水利建设大会战中去。工程物资紧缺、粮食供应短缺，县物资局、县粮食局、县运输站等所有相关单位协调联动起来，以保障工程正常运作为第一要务，提前组织所需物资。

工业战线开足马力，加强生产。建起了罗平雀儿顶水泥厂和县水利构件厂等。罗定县农机一厂自行研制水轮机成功，县电机厂研制出发电机，县电线厂生产电线，为工程建设大大节省了费用。

在整个工程建设中，哪里缺劳动力、缺技术力量，各公社、大队、生产队，全县各条战线就会马上组织补充，召之即来、来之能战。

广东省委对罗定长岗坡渡槽枢纽工程非常重视，多次对罗定的水电建设作出批示；国家水电部、省水利电力局、肇庆地区水利电力局更是十分关注着罗定长岗坡渡槽的建设情况。

长岗坡渡槽建设影响深远，兄弟邻县都为罗定人民改变苦旱面貌的干劲而感动，他们积极伸出援助之手，倾力相助。郁南河口水泥厂、信宜水泥厂、广州羊城水泥厂都尽量满足工地建设需要，郁南县通门林场把最好的木材供应给长岗坡，封开县也在计划外供应部分木材。

上级领导亲切关怀，邻县的大力支持，给予罗定人民极大的鼓舞。

在长岗坡渡槽的建设工地上，梁自然他们组织了一次次前所未有的大攻坚、大会战。

这次大会战的特点：一是战线长。南起牛路迳，北至花鹿坑，延绵十里。二是工序多，难度大。有挖

建渠现场

土方、建渠道、凿隧洞、采石头、砌石基、筑渠道，木工、铁工、炮工等行业人员齐上阵。三是需要大型机械，把各种建筑材料送上二三十米的高空进行作业。四是需用材料种类多，用量大。沙、石、水泥、钢材、木材等建筑材料都必须准备充分。同时，整个指挥系统的运作分工细密，极其复杂。面对各种困难，靠的就是全县协作大会战。

建设加强墩和浇灌拱梁，是整个渡槽建设的关键，也是最难点。每到这个阶段，使用的各种建设材料需求量就会倍增，就需要集中人力物力去调度和搬运，就要掀起一次次的大会战。

群众齐上阵

浇灌 51 米跨拱，是所有拱梁建设中最壮阔的画面。人们要在跨拱下面，用木头、木板一层层凌空搭起一座巨型木塔，一方面是构建好需要浇灌跨拱的模板，另一方面要搭起一条"之"字形道路，向 37 米高处运送建筑材料的天路。就在动工浇灌的前一天，所有需要的建筑材料必须靠组织各路人马大会战落实。

随着指挥的一声令下，工地上的数千人马瞬间全部动起来。围绕着 51 米跨拱周围分布的一个个混凝土搅拌点，送沙、送石、注水、混合，忙碌而有序。每一个搅拌点前，都排起了长龙，人们挑着拌好的砂

长岗坡渡槽 51 米跨拱之一

浆，沿着木架子上的通道，往上运送，一来一回两支队伍，在那巨型木塔上左右穿插，蔚为壮观。为了保证浇筑质量，浇筑工序必须持续作业，绝不能中途停工，在没有完成浇筑任务之前，所有人都必须全身心投入到紧张工作中去，万一有某个环节接续不上，都有可能让这一阶段的工作前功尽弃，所以每一次浇灌拱梁突击战，就是一场大会战。

渡槽的加强墩建设，按照设计思路，是为了渡槽每隔若干跨拱设一加强墩或钢拉杆以承受拱圈横水平推力问题，所以每个加强墩挖的基础都比其他的墩要大、要深，有些墩的基础甚至要挖到十五六米，遇到松土、岩层、渗水等情况，施工难度就更大。所以每个加强墩的建设，也是一场大会战。

建设 105 号墩，这个过程和经历，梁林标和他的施工队一生难忘，而围绕 105 号墩建设而产生的故事，也在罗定大地广为流传。

105 号墩，位于双莲河旁边，浅浅的河床，弯弯曲曲的河道，河岸的水草高高低低地起伏着、连绵着，这看上去非常优美的环境，却给施工带来极大的困难。基础开挖不久，流沙隐现，渗水不止，塌方不断，施工难度要比其他加强墩建设难得多，个别人员由于泡在水中挖基础一冷一热，而得了重病，一些民工就产生了畏难情绪。知道这里的工程难度最大，梁林标与指挥部商量，对大家适当进行奖励，地面开始挖一个土方按完成一个土方的任务计算，从两米深以下，完成一个土方就按完成两个土方的任务计算。第四米后，完成一个土方就按三个土方的任务计算，依次类推。

激励可以提升士气，但并不能减少工作的难度，越往下挖，渗水越多，塌方越大，上百个民工日夜轮班开挖也难以解决问题。面对这种情况，指挥部总指挥梁自然、副总指挥罗瑞生会同李郁等技术人员齐齐来到现场，共同研究解决。

戽水小组轮番上阵，戽斗长长的绳索随着有节奏的号子声摆动着，水不断地被戽上来，先是清清的，后来连着泥沙，眼看着快要戽干了，但很快源源不绝的渗水又从稀松的四壁涌进来，如何解决？指挥部从城里调来 3 台抽水机抽水，但机器在这个时候也显得力不从心，基础底下涌出来的水无法抽干。李郁、孔祥华、梁中、陈大茂他们拉着其他的施工员、施工队长等一起会战研究解决，最后决定，在墩洞四周架设 5 条人工搅拌水泥混凝土的大槽，选一个水涌流量较少的时间段集中力量进行突击施工。

素龙公社新塘大队的木工陈永佳，是梁自然专门从金银河工地抽调过来的木工队负责人，他组织木工先加固了四周木板平台，在不同的角度高于地面装了 5 个搅拌水泥混凝土的大槽，每条大槽又分别装一条斜向墩井口的流浆槽，以便于把混凝土导向墩井底的四周。

指挥部又把黎少、罗平、素龙等公社最好的水工施工队调集在一起，准备好充足的沙、碎石和高标号的"羊城水泥"。

排灌站的孙杰操控着 3 台抽水机连续不停地抽水，5 个施工队就搅拌好五大槽混凝土，随时准备浇灌，其他人员都已经准备就绪，全围在 105 号墩位周边，等待着施工口令的开始。

技术员李郁在施工平台上蹲了好久，已经过了吃午饭的时间，他还蹲在基础边，仿佛在等待着什么。去吃饭的人回来了，给他带来饭菜，他双手接过饭菜，由于眼睛却盯着基础，一不小心，滑了一跤，人就跌坐在泥堆上，手中的饭碗跌在地上。

刚好墩位的渗水明显减少了，李郁站起来，大声喝道："快，马上灌混凝土。"

于是，5 条大槽的混凝土同时倾泻着向还渗着水的墩基底部填去，随后水灰比较少的混凝土也倒向渗水最多的部位。

"看，没有什么水涌上来了。"

"快，再倒。"

"好，应该可以凝结住了。"

现场人群熙熙攘攘，人声鼎沸，已是下午，正是太阳猛烈照射的时候，人们的衣衫都被汗水浸透，被泥沙浆粘满，但是大家已经顾不上这些。成败就在此一举，再拼一会，一种无形力量在支撑着他们。

渗水加强墩的基础底施工难题随之破解，终于把渗水压住，完成了这个艰难的基础工程，人们才松了一口气。

从此之后，长岗坡流传着一个神奇的传说，说是105号加强墩所在的地方，名曰"孩儿涌（游）水"地，这个"孩儿"饿了，大哭不止，所以同时使用三台抽水机三日三夜也抽不干水，由于李郁倒了一碗饭，喂饱了"孩儿"，才能盖住了泉眼，槽墩基础才得以施工。

这段按正常程序、讲究科学的施工过程，却被人们编成了各种版本的神话故事流传，越传就越神奇，越传版本就越多，到后来，人们已经不再去认真考究这些传说的真伪了，也许大家都希望，让这个美丽的传说，伴随人们追忆长岗坡渡槽建设时的苦乐而继续流传！

长岗坡工程的建设是全县上下一盘棋的通力合作，是各级各方面智慧与力量的凝聚，是罗定水利建设史上值得大书特书的一笔！

报酬再少也要干

长岗坡渡槽开始动工的时候，素龙公社的黄子章、黄伟光等一大批人当时还在外地"走三行"，这些人都有一技之长，尤其擅长放炮采石，砌石铺路。

一天，一个回家处理事务的民工重新回到工地，跟大家说起家乡罗定要建设长岗坡渡槽的消息，长岗坡渡槽建好之后，就能彻底解决素龙等中部片区的旱情，黄子章一夜都难以入眠。

这是黄子章在异乡头一次失眠。以往，一天繁重的劳动之后，他们哪一个人不是累得一上床就呼呼大睡啊！这样的夜晚，在简陋的床铺上，黄子章睁开双眼盯着窗外黑沉沉的夜空，思绪万千。

第二天一早，他来到另一个工棚，找到黄伟光他们，说："兄弟们，我想回去，参加长岗坡渡槽建设，你们觉得怎样呢？"

有人说："子章哥，在这里虽然辛苦，但总比回去赚工分好啊。"

"在这里干，无论干得多好，干出来的都是人家的，回到家乡，干的是有益于子孙后代的事，哪怕不给报酬，我都要回去！"黄子章大声地说。

"五哥，你说得对！我也要回去，家乡的好手都让我们带出来了，我们要把大家带回去，让大家在为家乡建设中显身手。"黄伟光回应他。

团队的两个核心都打定了主意，其他的人再斟酌思考了一下，都快速做出了决定。

就这样，黄子章他们简单了结工地的事务，回到家乡报名上长岗坡工地。在后来金银河水库工程、牛路迳、豆腐渣山等建设项目施工中，他们当中 8 个技术最好的核心人员，在炸石、挖渠等方方面面都表现出色，被人们誉为"八大仙"。

长岗坡工程开建之后，越来越多像黄子章一样外出"走三行"的人，纷纷放弃外出挣钱的机会，回乡参加建设。

从长岗坡到金银河水库要建渡槽、隧道和明渠 7 公里，而在长岗坡上游的牛路迳，要扩建渠道 8 公里。人们说，"七里长岗八里迳"就是这个意思。工程建设指挥部把这总长 15 公里范围内的土石方，分

人工打磴

配到各公社和各大队，各自组织民兵自带粮食参加建
设。一般规定，在工地劳动一天，记 10 分工分，相
当于在生产队劳动一天。有的被派到工地劳动的民工
一天是 12 分工分，比在生产队劳动多 2 分。也有的
按指挥部下达的任务数，完成任务就相应记给工分，
由公社指挥所出具证明，带回生产队作登记。各个生
产队兑换的报酬差异较大，大多数生产队一个劳日的
报酬只有一两角钱。

泗纶公社连城大队的曾庆海，从部队退役后回乡
务农，那天傍晚，生产队长敲开了他家的大门。

"大队通知你明天早上跟公社其他生产队的民兵，

到罗平长岗坡上工。"队长说。"这是全县的大工程，要求选优秀民兵参加。你是退伍军人，思想觉悟高，能够吃苦耐劳，除你之外，我还打算叫上曾水石、曾清、肖瑞清、赖展生他们，生产队给你们记工分，其他报酬估计就没有了。"

"建设长岗坡工程，好啊，我参加，工分再少我也要去。"曾庆海说。

罗平公社古勇大队的张松彬，他是公社拖拉机队队长，张松彬驾驶技术好，又懂修理，像他这样的人在当时可算是"能人"，如果外出打工肯定能挣更多的钱。但他却早早报名参加长岗坡渡槽建设。他脑子灵活，能办事，经常被派去搞长途运输，有时工期紧，张松彬还会被指挥部半夜安排到县外较远的地方运水泥、木材。

工地的劳动是繁重和辛苦的，每一项都是重体力劳动，但每人每天粮食配额才0.5公斤，大家怎么可能吃饱呢？饭量不足，肉类就更少了。吃饭时间，总有两句话在流传着"饭菜不够，开水来凑"。工地上流传着一个故事。民兵们老是说吃不饱，于是厨房师傅就说，我明天煮个"高产饭"。大家都好奇他的"高产饭"是什么饭，能不能吃得饱呀？第二天大家一看，哭笑不得，原来，师傅在煮熟饭后，打松，加水，盖起锅盖，加火焗一会儿，所煮熟的饭就松，显得堆头大，但饭味就差了。

从牛路迳到金银河，汇集了来自各个公社的民兵，各条战线、各机关单位，甚至学校的教员、学生都义务投工，一接到命令就出发。他们排着队，从自己的家、从单位、从学校，走十几二十里路，来到工地，参加这场大会战。饿了，啃几口干粮；渴了，喝几口白开水；困了，唱几句革命歌曲。

报酬虽少他们干，饿着肚子照样干，奔波劳累，没有一句怨言。因为根治罗定旱患是大家的共同心愿。正是这种精神力量，激励着大家走过1500多个胼手胝足、艰苦鏖战的日日夜夜。

个人吃亏是小事

欲成大事，必有流血牺牲；能成大事，吃点亏是常事。

长岗坡工程建设，是全民动员的大事。全县民工千千万万，他们为了集体利益，听指挥、顾大局，舍小家、为大家，默默地为罗定的水利建设作出奉献，许多人遭受伤痛流血，有的因伤致残，有的甚至献出了宝贵的生命。

为了确保有足够的流量输入金银河水库，按设计方案需扩大"引太"水渠。渠道由原来4至6米扩大到12至15米，渠面由原来7至10米扩大到15至20米。"引太"渠沿线流经9个大队，需要占用大量的土地。太平公社书记黄成科、副书记梁海森分别担任正副指挥。他们带着各大队支书、会计按县划定沿线规划，明确目标任务，无偿划出土地，全力支持"引太"渠道扩建工程。

　　"引太"扩渠通过太平公社丽塘大队山口角村，正好在梁海森的宗亲梁焕庆兄弟两人大屋经过，县指挥部要求必须在 5 日内拆除。"军令如山"，梁海森感受到了前所未有的压力。他多次耐心向梁焕庆兄弟俩做思想工作，但这俩兄弟就是死活不答应，并开出了一个拆迁条件。他们看中了村中的一块地，希望政府能够出面协调给他们。

　　这块地是宗族乡亲的集体所有地，哪能轻易让给一家人盖房子啊？更难的题目摆在梁海森面前了。但任务就是命令，梁海森和大队支部书记分头做同宗族几个老人的工作。老人深明大义，表示对政府的工程要大力支持。

　　从 9 个大队无偿划出土地扩渠，到山口村族人让出宗亲集体地，无一不体现人民群众对党的信任和支持，体现出在集体利益面前个人吃亏是小事，小集体利益服从大集体利益的大局意识。

　　罗平公社双莲大队覃炳基的房屋，刚好就在规划建设的长岗坡渡槽底下，那是他父亲兄弟几人用一辈子的积蓄和心血建起来的。可是，为了给渡槽建设让路，当大队干部找到他们的时候，他们二话不说就拆了房屋。

农村有这么一句俗话，"上屋搬下屋，少了三箩谷"。意思是说，尽量别搬家，搬家时难免毁坏，损失东西，再小心也会有损失。可是这一次，覃炳基一家就不仅仅是"少了三箩谷"那么简单。可是没办法，他们不能因为自己的小家而影响到水利大业。个人吃点小亏，但能够换来千家万户的幸福，吃点亏也是值得的。

黎少公社的陈广荣，参加长岗坡工程建设前，母亲去世了，家里留下妻子和4个孩子。妻子要参加生产队里的劳动，还要抽出时间上山打柴、养牲口。大人外出工作和其他孩子上学后，陈广荣4岁的小儿子就只能独自在家。为了不让他饿着，母亲一早就熬好一锅稀粥，在挂钟上划了一个标记，告诉他，时针走到这里的时候，就自己装粥吃。

陈广荣白天在工地上忙碌，繁重的劳动让他暂时忘却了家庭，可是到了晚上，想家、想孩子的念头就越发强烈。他躺在工棚简陋的床上，辗转反侧。实在睡不着，就一个人走出工棚的边上，默默地走上两圈。一天，趁着工作没那么紧，陈广荣决定回家看看。他很想带些东西回去让孩子开心一下，可是，什么也没有。他跑到公社兽医站，把身上仅有的4角钱，买了一斤"熟猪肉"，其实是病猪肉。当时好猪肉要肉票，8毛5分钱一斤，他没有肉票和钱。孩子们远远地看到父亲提着一挂猪肉回家，高兴极了。孩子们蹦跳着拥着父亲，眼睛却盯着那挂猪肉，忍不住流出了口水。

晚饭的时候，陈广荣夫妻俩一块肉都没吃，只是夹着筷子，看着4个孩子风卷残云地把猪肉全部吃光，心里泛起阵阵酸楚。为了工地，为了水利，他们已经没有精力照顾子女，作为父母，他们觉得内疚。但他们又觉得，如果没有水利的兴修，就没有土地的收获；没有暂时的吃亏，就没有长远的收获。

1979年10月31日上午，花鹿坑山塘土坝出现塌方事故，6个活生生的生命永远地定格在那一刻。黎少英是这次牺牲者中的一员，这一年她才27岁，年轻、漂亮、贤惠，有两个嗷嗷待哺的孩子，其中最小的一个才8个月。出事的那天早上，她跟往常一样，给孩子喂了奶，抽空到街上买回一包中药。她已经病了两天了，本来大家都叫她休息，但是她依然咬牙坚持。上工的时间过了，买回的药来不及煎煮，她把药挂在墙上，打算晚上收工回来后再煎。可是她怎么也不会想到，由她亲手挂上去的这包药，就永远地挂在墙上，再也没机会去煎了。当天上午，工地塌方，她被埋在地下。她来不及给亲人留下半句话，甚至还来不及听到小儿子叫一声妈，就带着牵挂与不舍，长眠于长岗坡。

黎少英牺牲后，她的大嫂就主动承担起两个孩子的抚养任务，直到他们长大成人。曾经有人问她，不是你的孩子，还那么悉心照料，你不觉得吃亏吗？大嫂总是笑笑说："比起少英，我这点吃亏算得了什么！"

双莲村的陈锦柱，长期在外地打工，妻子莫金被生产队安排到长岗坡工程担泥方，并要在家抚养4个孩子，最小的儿子刚满两岁。陈锦柱每次收到家里的来信，都是希望他寄钱回家。可是唯一一次收到不是要钱的消息，却是妻子遇难的噩耗，这无异于晴天霹雳。

莫金每天在工地担泥方，但两岁的陈小林在家里没人照料，只好带着他上工地，她开工的时候，陈小林就天天光着屁股趴在工地上玩耍。

因为花鹿坑的意外塌方，莫金很不幸与其他5名民工被泥土掩埋。她被众人救出之后，早已停止了呼吸。懵懂无知的陈小林光着腚子趴在母亲的身上又哭又喊，满是泥尘的脸上被他奔涌的泪水划得沟壑纵横。他哭着，喊着，使劲地摇晃着母亲，但是不管他如何摇动母亲那逐渐冰冷的身躯，平时非常疼爱他的母亲，再也不能看他最后一眼。在场的人们无不动容流泪，大家都很想拉开他，或抱起他，但没有一个人动手。大家知道，以后，他就再也没有趴在母亲身上痛哭的机会了，就让他尽情地哭吧。

从外地回家的路上，陈锦柱一直泪流满面。回到家，他抱着孩子在妻子的遗体前坐了很久，很久。有人建议他向政府争取一点补偿，陈锦柱说，我妻子为公牺牲，我以此为条件索取补偿，就对不起她了。他忍着悲痛，处理好妻子后事之后，二话没说，背着儿子就投身到长岗坡渡槽建设队伍中去。

6 条在工地牺牲的宝贵生命，他们来自不同的家庭，他们的名字永远刻印在人们的记忆里，也永远刻印在长岗坡渡槽建设的丰碑中。人们顾不上悲伤，毅然选择抹去脸上的泪水，继续战斗，不能让英魂白白地流血牺牲。

没有受益也要参战

　　罗平、生江、素龙、附城、双东、罗城、华石、围底等公社地处罗定中部，是丘陵、平原区，人口多，面积大，旱地、旱田多，低丘陵易垦荒地多，农业生产潜力大。但是，因为缺水，抑制了农业生产，祖祖辈辈盼水之心非常迫切，甚至为水而争、为水而战。

　　建设长岗坡工程，可以让这些公社直接受益，直接改变这些地区的农业生产落后面貌。他们当然拥护，积极参与。而非受益区的群众，多年来真切感受到全县一盘棋、进行大协作年年治水所带来的实惠，他们沐浴着党恩，心存感激。当县委向全县人民发出号召，非受益区的群众也积极主动响应，都说，这个工程我们虽然没有直接受益，但以前的工程我们已经受益，当然要参战。

　　建新"引镜"水渠，罗镜公社水摆大队支部书记彭嘉恩其中的一项工作就是动员搬迁。这一晚，在晒谷场召集了村民开会，他说："当年政府带领我们改造罗镜河，我们扩大了不少田地，增加了多少粮食？饮水要思源，我们一定要支持这项工程建设，就算搬迁自己的房子，也要服从大局。"

动员会之后，水摆大队的 18 户群众在 3 天内就按要求实现异地安置。

地处罗定西部的泗纶公社，很早就享受到"引泗"水利工程带来的效益，这一次为了支持长岗坡工程建设，全公社第一批报名参加建设的民兵就达到 120 多人。他们在公社武装部长杜金灿的带领下，浩浩荡荡地出发了。旗手擎着红旗，走在队伍的最前面，后面的民兵步调一致紧跟队伍，有的身上背着镬头，有的挑着柴米油盐，有的扛着锄头铁铲。他们从早上 8 点出发，直到傍晚才到目的地。

苹塘公社参加建设的民工，人数最多的一批近 400 人，黄华贵是其中一员，他思维活跃，能说能干，是苹塘公社民兵营长何伟深的得力助手。黄华贵无论在长岗坡挖墩柱基础、凿石头，还是在金银河拉泥车，既能充当指挥员又担当战斗员，还曾经创下了一日拉泥 38 车的工地最高纪录。每逢指挥部开文艺晚会，他都主动上台表演。有一次文艺晚会，他走上舞台唱起自创的山歌。

> 罗定山穷地又瘦，十年九旱种无收；若想出头换好日，唯有迁居往外走。今有毛主席好领导，群策群力建渡槽；筑起长岗坡，引来太平河。战天斗地，其乐无穷。斗山山低头，斗地地换装。宏伟的金银河，是个储蓄的水库，我们移山筑坝建银河，旱涝保收粮满仓。

他唱得让大家感觉亲切，让大家增添了建设的信心。

金鸡公社大垌大队和大岗大队的民兵由武装部副部长莫中文带队，安排到长岗坡工地石场炸石，他们全靠双手抓钢钎抡大锤打炮眼、炸石、搬石头，平均每天每人能采出 1.5 立方米的石料，得到指挥部的表扬。县委书记张超崇知道后，专门带着 3 斤猪肉到石场慰劳他们。为了报答县委书记的关怀，他们干劲更足了，之后不断超额完成任务。

替滨公社在组织民兵参加建设的时候，边远山村夜护大寨九队在夜里召开社员大会，场面非常热闹。长岗坡在什么地方，渡槽有多高，多长，多大？会议还没开始，大家就七嘴八舌地议论开去。大家还有疑

精心砌石

问，为什么我们公社 10 个劳动力才有 1 个名额呢？

生产队长连忙向大家解释，这是县里的安排。县里在分配名额时，考虑到嶅滨公社是非受益区，又距长岗坡的路途较远，交通十分不方便，一次轮换，就要几个月时间，所以才分配我们的名额少一点。

队长问大家："如果参加长岗坡工程建设，生产队按每人每天补助半斤米，记 10 分工分，并负责供应柴火，大家愿意吗？"

社员们异口同声地回答："愿意！"

嶅滨公社车田大队的民兵谭树强才 21 岁，他想报名参加，父亲却不太愿意。他的父亲已经年逾七十，而且身体有病，希望儿子在家照料家庭。谭树强主动与父亲沟通，给父亲做思想工作，说自己是共青团员，不能落后于人。最终谭树强得到父亲及家人的理解和支持。

还有加益、扶合、连州、黎少等公社，都是非受益区，这些公社都认真组织民兵参加了长岗坡工程建设。

在罗定大地，从东到西，从南到北，每一个公社，不管是否直接受益，人们都是积极参与，这充分体现了社会主义制度的优越性。

第九章　青年强则工程强

- 急难险重任务我来挑
- 我们也要冲在最前头
- 青年技术人员的质量观
- 工地爱情

急难险重任务我来挑

1977 年 4 月 12 日凌晨 5 时许，连州公社的突击队员张必森在梦中被推醒，他听到突击队长良法在他耳边说："早点起来，要把大家也叫起来，下雨了。"

张必森翻身坐起来，揉揉惺忪的眼睛，不解地问："下雨了，又不用放炮，为什么还要早起呢？"

"我们昨天开采的石料今天要运到工地呀，从昨天下午到现在，雨就没停过，道路肯定泥泞不堪了。你不记得上个月 24 日吗，才下了半天雨，运石车辆就出不去，我们早点起来，先去铺铺路。"良法说。

十几分钟之后，晨曦中，几十个披着雨衣、蓑衣的身影，乘着淅淅沥沥的小雨，在罗平望君山对面的山路上蠕动。没人能看得清他们的面容，但是他们每个人都共同有着一个响亮的名字"青年突击队员"。

青年突击队员！凡是参加过罗定水利建设的人，都对这个名称非常熟悉。在水利建设过程中，往往会遇到急、难、险、重的任务，指挥部就会把年轻力壮、工作热情、思想进步的青年民兵组织起来，适当配备一些经验丰富和技术水平高的老民工、老师傅，组成青年突击队、突击班、突击组等，去进行攻坚和抢险，保证工程进度和质量。

1959年7月，在建设"引沙"水渠的时候，开挖蒗塘公社蒗南大队垌尾社段水渠时，由于地下有很多石头，石质坚硬，人工开凿非常艰难。负责该渠段的蒗南大队圯寨联队，组织了村里十几名年轻力壮的青年，组成一个"青年突击队"进行攻坚。队员黎大祐跟随"青年突击队"在垌尾社连续奋战了三天三夜，把近100米的河道挖通。任务完成之后，突击队员都累得直冒汗，黎大祐直接瘫坐在土坡边上，卷上一支烟点着，吸了一口就睡着了。

1962年，建设"引泗"六家渡槽，所在的地方非常险要，它高悬在水流湍急的河流上，渡槽飞架南北。渡槽下面，泗纶河在上游奔泻而下，在乱石中形成螺纹形旋涡。渡槽两端是数十米高的悬崖峭壁。为了攻克难关，指挥所组织了几十名青年成立"青年突击队"进行攻坚。突击队员身绑绳子，从山顶小松树吊下去立标杆、打炮眼、装炸药、点火引爆、隔河进

"引泗"拦河工程

行测量等等，工作十分危险，几十名突击队员，就像一个个蜘蛛侠，在悬崖上飞舞，场面非常壮观。他们硬是凿出一条高空悬崖上的渠道，架起了罗定历史上第一道人工引水大渡槽。

这些"青年突击队"队员勇于担当、刻苦耐劳，往往在最需要的时候就会出现。他们凭着高度的责任心和火热的工作热情，在水利建设工地上攻坚克难。"急难险重任务我来挑！"这句响亮的口号，就是青年突击队吹响的战斗号角。而在长岗坡渡槽建设过程中，青年突击队员依然是攻坚克难的铁拳和尖刀。

这天，县指挥部准备建设一个加强墩。早上七时左右，所有人都像往常一样，不约而同地往目的地集结。就在一切准备妥当的时候，施工员却向总指挥梁自然报告："雨天路滑，石料运不上来。"

"这不是要误事吗？"梁自然急了，他对身边几名施工员大声说。"想办法解决，就是抬，也要想办法把石料抬上来。"

正在这时，从花鹿坑方向传来了隆隆的马达声，两辆满载石料的解放牌汽车摇摇晃晃地向工地开来。

"是连州石场的石料！"有人说。"嘿，太好了！"梁自然悬着的心才放下来。

卸车时，梁自然又问："为什么连州石场的石头能运出来，而其他石场的石料都运不出来呢？"

"是良法带人铺的路，很结实，车压不变形、不打滑。"一位驾驶员告诉梁自然。

原来，今天一大早，良法带领突击队员赶到石场，开始搬运石头铺起路来。张必森他们刚铺了几块石头，就被良法制止住了。

良法对突击队员说："用石头铺路，不能直接把石块平面摆放在路上就了事，这样容易松动，车辆一压就滑开了，我们要把石块一块一块地竖起来摆放，相隔不远还要专门挖一些深坑，把一些大块的和尖长的石块埋进去，相邻之间的石块要排密夯实，缝隙还要用碎石塞紧，这种就是农村说的'手摆石'铺路法。"他一边说，一边拿起一块相对长形的石块比画着。他们就是用这种方法，在泥泞的路面上铺出了不怕车辆碾压的道路。

梁自然获悉情况之后，低声说了一句"良法果然有办法。"他和两名施工员，跳上一辆运石汽车，叫了一声："走，去连州石场看看。"

来到连州石场的路口，梁自然下了车，站在道路中间前后看了看，只见刚才汽车碾过的路面，只留下两道明显的泥印，铺路的石块纹丝不动。他又用力蹬踩了几下，感觉到路面确实铺得非常厚实，不禁暗暗称赞起良法来。

梁自然早就听说过良法的故事。长岗坡渡槽建设之后，良法带领着连州的300多名民兵来到工地。刚开始进驻石场采石的时候，缺少有经验的采石工，特别是缺少点炮手。由于害怕危险，很多人都不敢点炮，导致工作进展缓慢。于是良法挑选了30名民兵，成立"青年突击组"，他自己亲任组长，随即组织了一次别开生面的"表演"。

良法把县指挥部下发的《放炮作业安全操作规程》张贴起来，逐条跟大家耐心解读起来。他又把导火索剪成 1 米、2 米、3 米、5 米、10 米不等，一条条摆在地上。他对大家说："只要我们严格按照操作规程去操作，是没有危险的，只要导火索长度合适，点炮手就有足够的时间跑到安全地带。"

良法自己点燃摆放在地上的一条条导火索，又点名叫张必森、杜伟新、张超荣 3 名突击队员带头，再次试验，让大家观看导火索燃烧的速度和计算点炮后走到安全区域的时间。随着导火索燃烧的嗞嗞声响，大家的恐惧心理终于消除了。

开工一段时期之后，因条件艰苦，任务又繁重，有些民兵思想出现了波动。良法就书写了很多标语贴在指挥所周围，他又向县指挥部宣传组要来几十个竹匾，挂在工地周围，写上"奋战长岗坡，连州争第一""急难险重任务我来挑，首战用我必能胜"等激励人心的大字，把采石场的氛围营造得生动活泼，非常鼓舞士气。他经常在晚上带领大家学习《毛主席语录》《老三篇》，讲愚公移山的故事。他还把有才艺的

青年突击队员晚上组织学习

民兵组织起来，组织文艺队进行演出。

有人把这些事情告诉了梁自然。梁自然当时一听就称赞起来。他说："这些办法的确有效，我在其他工程建设指挥部当总指挥的时候，就是这样做的，工地上青年人多，要搞得活跃一些，我正打算在指挥部前面的球场边建设一个舞台让大家经常能观看演出呢，这一次他竟想在我前头了。"从那时候开始，他

工地文艺表演

就对良法有了非常深刻的印象，觉得这个突击队长的确是工作积极，脑子灵活，干事踏实。

　　这时候，梁自然看见了正在和突击队员加固道路的良法。只见这个青年国字脸庞，浓眉大眼，动作迅速而有力。他穿一件灰白上衣，蓝色裤子，脚上一双解放鞋沾满了泥巴。他没有戴帽子，身上只披着半截塑料雨衣，却起不到遮风挡雨的作用，大半个身子都让雨水打湿了。

梁自然走过去，握住良法的手，大声夸赞起来："良法，你的办法不错，值得推广。"他又转身对身边的施工员说："通知其他工地也学习这种铺路的方法，还有，把连州突击队的事迹写成小通讯，再广播宣传。"

长岗坡渡槽需要建设 133 个槽墩，全部由石头砌成。浇灌槽墩的基础，以及渡槽跨拱、槽身，也需要大量碎石子，这些材料都由工地周边的罗平石场、连州石场、围头石场、泗纶石场 4 个石场开采，自开工以来，在石场开山炸石的炮声就此起彼伏地在山间回响。长岗坡渡槽工程建设所需要的数万方石料，全部由民兵们靠双手加铁锤、铁钎敲来的。而在 4 个石场中，连州石场供应的石料最多。

连州突击队副队长张必森，总是带头冲在最前面。当时整个建设工地只有一台风钻，几个石场几十口炮眼轮流着用。拿到风钻之后便要争分夺秒开工，张必森经常要深夜蹚着崎岖的山路交接风钻，有时还会跌倒受伤，但是他没有退却，做一些简单的包扎又继续干活了。他的右眼两次被碎石击伤，得了后遗症，影响视力，两个大拇指因为被石头割伤感染，最后都不能正常弯曲。

突击队员李路新，右眼被碎石直接击穿眼球，眼浆迸出，最后只能植入假体眼球，一旦遇上阴雨天气，眼窝便刺痛流泪，有时半夜都被痛醒，但是他依然坚持奋战在工地上。

突击队员何荣南到工地采石的时候，还未满17岁。一次石场泥皮滑落，何荣南为了掩护其他民工，大半个身体都被塌下来的泥石埋着，当场昏迷。当大家扒开泥石时，何荣南的肚皮被刺穿，大肠外露，断为两截，右腿被砸得血肉模糊，在送往县医院途中，鲜血随大货车的颠簸不停往外冒，车厢里淌满血水。何荣南的叔叔何永新跪在车厢里，双手堵不住冒血的伤口，他哭喊着："司机，求求你，开快点，再开快点！"

何荣南足足昏迷了两天两夜，他醒来的第一句话就是："还有其他兄弟受伤吗？"

先后动了3次大手术，住了半年医院，何荣南的命算是保住了，一条腿却要高位截肢。

半年后的一天早晨，良法回到工地指挥所，看见办公桌放着一张纸条：

　　　良法队长，我回石场炸石了，我要和大家一

起奋战到工程完工之日。

何荣南

即日

良法赶到工地一看，只见何荣南吊着半截裤腿，正在工地上挥动着铁锤……

正因为连州突击队有张必森、何荣南这样的队员，带动着全体队员不畏艰险，迎难而上，攻坚克难，经常提前超额完成任务，获得了县指挥部颁发的"标兵"红旗。

全县其他各个公社的青年突击队员，他们同样为工程建设挥洒着青春热血与辛勤汗水，发挥了突击队的应有作用。

离长岗坡工地 6 公里的船步河边，有一个石笋沙场，专门为工地供应沙子。为了确保满足工地用沙的需求，罗平公社古勇大队组织了 30 名青年突击队，专门突击捞沙。沙场离公路的路面很高，道路陡斜，要把沙挑上公路非常费力。大家还要长年赤着脚浸在水中捞沙，夏天衣裳单薄的，晒得全身黑亮，冬天的河水冰冷刺骨，如此周而复始，工作长达数年，家就在咫尺，但是大家都集中住在工棚里，极少回家。

石笋沙场通常上午装运 4 卡车的沙，下午又装运

搭建渡槽棚架

4 卡车，晚上再装 3 车，装沙队员每天到晚上 10 点才能冲凉休息。每到大会战时，用沙量倍增，装沙队员便日夜不停地装沙，非常疲倦，有时凌晨时分，刚装满一车沙，扶住沙铲就睡着了，直到下一台卡车的喇叭声把他们叫醒，又接着忙碌起来。

黎少公社青年突击队员董进球，是一位木工，负责安装和拆除模板，每块模板 2 米长、1 米宽，重量达百斤。每建好一段渡槽槽身，混凝土龄期符合拆模了，就要拆掉模板，拆槽身内侧的模板可以直接用铁钎撬，但拆除渡槽外面和底下的模板就非常困难。

他们把一些粗长的大木头固定在渡槽面上，向两边伸出，一边吊一个安全篮，董进球等突击队员就站在安全篮里，在凌空 37 米的高空上，把模板拆除，有风吹过时，安全篮就左右摇摆，十分惊险，但是突击队员依然不畏艰险，"让我来"，声音十分响亮。

急难险重任务我来挑！斗志昂扬建渡槽。青年突击队以舍我其谁的大无畏精神，走在队伍的最前面。他们是罗定水利建设工地上的时代先锋，他们的青春热血，永远闪光。

我们也要冲在最前头

修建长岗坡工程，全县上下协力同心干，数万名建设者轮番上阵。这些从各公社、大队、生产队精选的劳动力，85%以上都是年轻人，他们身体强壮，敢想敢干，干劲足，能吃苦。大家都说，我们虽不是突击队，但是我们也要冲在最前头。

长岗坡渡槽凌空横跨罗平公社平垌大队3个自然村，按施工计划，必须在3个月内完成260间房屋拆迁任务，这是渡槽建设首先要啃下的硬骨头。接任拆迁安置工作队长的，就是罗平公社党委副书记朱子文。

朱子文刚满30岁，和蔼可亲，幽默风趣，是县委重点培养的年轻干部。他28岁就担任蒌塘公社党委书记，敢干事，能干事，为群众办了不少实事。为了推进长岗坡渡槽建设，充实罗平公社的干部力量，朱子文被"降职"调到罗平公社任副书记。但是他毫无怨言，坚决服从安排。出发那天，县委常委、组织部长王达照紧紧握住他的手说："党和人民考验你的时候到了。"朱子文没有说话，只是坚定地点点头，把党的嘱托和任务牢牢记在心上。

工地离公社干部宿舍不远，走路才20多分钟。为了方便晚上做搬迁户的思想工作，朱子文二话不说，把床铺被帐一卷，带着罗平公社的200多名青年民兵，住进了简陋的工棚。

搬迁工作异常难开展，这些农户祖辈居住在这里，无论迁去哪儿，补偿什么东西，他们心中好像都有一道坎跨不过去，不愿接受。他们当中最抵触的，是高岗的陈树高，他认为补偿条件远远达不到他的要求，拒不搬迁。朱子文带着拆迁队员多次上门做其思想工作，他不但不接受，情绪反而越来越激动。

那天一大早，陈树高拿了一把尖刀，气势汹汹地到工棚找朱子文算账，恰好朱子文昨晚要回公社开会，没在工棚住。陈树高一不做二不休，拿着刀子就来到公社办公大楼找朱子文，扬言要"白刀子进，红刀子出"。当时很多领导干部都上班了，看到这情景，人们既担心又气愤，有人还提出要让派出所民警把他关起来。

朱子文制止了大家，严肃地对陈树高说："这里是办公的地方，不是决斗的地方"，然后顶着大刀，把他带到公社门口，对着正扛着锄头铁锹去工地开工的群众说："树高，你想想，我这样做到底是为了什么？其他公社的乡亲父老都千里迢迢来参加长岗坡工程建设，又是为了什么？全县的乡亲父老世代盼水，建设长岗坡工程，就是为了让大家不再挨饿，这也是民心所盼，你难道要做历史的罪人，受子孙后代唾骂吗？你如果觉得你是对的，就当着乡亲们的面，动手吧。"

陈树高见朱子文正气凛然，说话在情在理，一下子低下了头，把刀垂了下来，走到旁边坐下来生闷气。

朱子文走到陈树高身边，与他并排而坐，抚着陈树高的背，心平气和地对他说："你的实际困难，我们都清楚，根据你的实际情况，我已多次向上级反映，争取再多给你100元补偿金，把屋边不影响工程的闲置地划给你建新房，希望你能理解和支持我们的工作，配合我们做好拆迁。"两人就这样谈了很久，陈树高流着眼泪对朱子文说："多谢您对我的关心，我同意搬迁了，你们拆吧！"

　　从此之后，陈树高表现得非常积极，他还和朱子文成了朋友，陈树高家庭生活有困难时，朱子文总是想办法倾力相助。

　　还有一户拆迁户，他 4 岁的儿子患了重病，一家人非常焦急难过，全家上下笼罩着悲痛的气氛。拆迁队员跟他谈搬迁的事，他也没心理会，说了几次，大家也有点于心不忍。

　　朱子文知道情况后，来到这家拆迁户，闭口不谈拆迁的事，只是问起孩子的病情。他对孩子父亲说："走，我带孩子去看病！"然后背上他的儿子步行到罗平卫生院请医生诊治，并掏钱付了医药费，拿了药，再背回他的家里。拆迁户深受感动，说："朱副书记，我知道你是真心关心我的，过两天，你们就来拆我的房屋吧。"

　　就这样，朱子文带领迁安工作队，以理服人，以情感人，提前完成拆迁任务。

　　在长岗坡渡槽建设工地，汇聚了各行各业的众多好手，他们年轻有为，是每个家庭的顶梁柱，也是每个公社的民兵骨干，更是每个项目建设的标兵。

　　1979 年 6 月，在浇筑一个跨度达 51 米的肋拱时，钢桁架因多次反复使用，发生破裂而倒塌了，这个时候再找同类型设备器材重新搭建已是困难重重，这让指挥部非常焦急。经过商议，有人提出了一个大胆的设想——用木材搭建。

谁来承担这个重大任务？这时候，船步公社的一帮青年木工站了出来。船步公社有木制品加工的传统，在长岗坡工地的木工，最多的时候达430多人。突出的代表人物有罗金然、蓝超勃、尹国华、邓北松、林志标、刘亦秋等，他们主动承担了这一重任。

工作还没开展，就有人议论开了。跨度大、离地高，钢架都塌下来了，木头能顶得住吗？罗金然等30个木工师傅勘查现场，准确计算高度和力度，反复比较施工方案。最后的事实证明，他们成功了。

30名木工分成两大组，每个组又分3个人一小组。他们每隔50厘米就打下一根松木桩，把一根一根的木桩打扎实，打垂直，作为基础，然后选用4米多长的木桩层层往上搭架，每层4米高，层层铺上厚达4厘米的木板，所有木桩行列整齐往上搭，一直搭到8层30多米高时，建一个平面，然后按拱梁的设计，搭建模板，最高处离地面40多米。远远望去，木工们就像小鸟一样在巨大的棚架上飞来飞去。

本来预计要20天才能完成的工程，罗金然他们只用 10 天时间就搭建好了。这个巨型棚架，不但是建设者把各种建筑材料往上运送的天路，也是支承浇注整个渡槽拱梁重压的支撑。只见数千根木桩横直穿插，密密麻麻，层层叠叠，搭起的渡槽模型就如一个巨型的艺术品，坚实而壮观，自始至终都没有出现过任何事故！

工地上，有数不清的急难险重任务。炸石、碎石、挖基础、砌大拱、搭木排栅、浇渡槽砼等，无一不充满着危险。为了攻克难关，青年人担当了重要角色，他们活跃在各个工地中，个个奋勇争先。

连州公社古榄大队的温奕泉，他自小跟父亲习武。在家干活时因一次意外失去右手掌，成为单手大力士，人称"鳖王"，他能单手拉大板车，一个人把 800 多公斤的石车拉往工地，而其他人拉得最多的也只是 600 多公斤。

连州公社木坪大队的赖光荣，他力气大，工作拼命，有时一个人可以完成两三个人的工作量，以致他回生产队要领比别人多很多工分的时候，生产队长不理解，后来在县指挥部的协调下，他终于"劳有所得"。

生江公社碗窑大队的郑桂荣，白天到工地负责施

青年突击队员勇挑重担

工，有时为了节省时间，中午累了就在工地附近收割完的稻田里，铺一层禾秆睡一会儿。郑桂荣在长岗坡建设工地参加过一年多的打石、抬石、砌石、煮饭等工作。

罗平公社古勇大队村民陈炳灿，19 岁离开家乡到刘胡兰故乡山西汶水县当兵，深受刘胡兰精神的感动，在部队抡动 24 磅的大锤，建机场、打伞洞，是部队力气大的一名士兵。他 23 岁退伍回家参加长岗坡工程建设，凭着一身气力，起早摸黑，别人一天挑沙 1 立方米，他一天可以挑 4 立方米，在河沙供应紧张的时候，经常凌晨起床下河捞沙，双腿被河水泡得发白，脚趾脱皮渗血。望天大队民兵营长王维伦，为赶进度，经常借助月光开夜工担泥筑桥拱泥模。吴有文和一批年轻人一起参加 16 米深基础的挖土工作，午休只在工地木桩上休息半小时，冬天赤脚钻入深井挖泥，夏天露肩赤背挑土。

山花开了又谢，谢了又开。

4 年多来，这些青年建设者，在长岗坡渡槽建设过程中，发挥了主力军的作用。他们的先进事迹，说不尽，道不完。

青年技术人员的质量观

长岗坡渡槽靠土办法，靠人海战术能建成如此高质量的工程，得益于青年技术人员高标准、讲科学、严要求的质量观。

每一道工序，建设者都要看懂看透设计图纸，严格按标准和要求施工。每当建设到结构复杂、技术含量高的部位时，梁中等技术人员在指挥部后面专门铺设的一块灰沙地上，按一比一比例把设计图画在上面，与负责施工的技术人员详细讲解各部分的结构特点和尺寸。

为了保证施工质量，指挥部从管理和监督着手，组织了130多名既敢于担当又有严格质量意识的年轻人担任施工员，落实责任制，每天分赴工地各处加强巡查。特别是建设槽墩及肋拱的时候，每个槽墩和肋拱都专门落实一到两名，甚至多名青年施工员专门负责，监督巡视。

　　以梁中、孔祥华、张启超等中青年技术人员为代表的技术团队，为长岗坡工程建设提供了坚强的技术支撑和质量保障。渡槽每个跨拱之间以及槽身均设有伸缩缝，槽身的分缝，必须考虑拱圈承担外力荷重的变化和温度的升降，各肋柱有不同数量的垂直和水平位移。渡槽分缝处理不好，比一般裂缝漏水危害性更大，若用木板作为伸缩缝填充材料，伸缩程度不够，在潮湿的环境下，容易腐朽，怎么办？

　　他们与广东省水科所和肇庆地区的技术人员一起，以高度负责的态度进行了详细研究。大家查阅了罗定的气候温差数据，还专门到邻县大枧峡渡槽观测其在冬天最大温差时渡槽伸缩的情况，最后决定，槽缝中间部分用特种橡胶材料止水，槽内外表面采用麻丝和沥青、砂浆的混合物进行填充，这是一个创新，事实证明非常有效。

　　在建设过程中，技术人员在支墩的施工上进行了严格的技术指导和控制。渡槽多跨度的连拱，特别是支墩的施工，都会产生不平衡的推力。技术人员决定，对墩高 10 米以下的肋拱，以木排架建模现浇为主要方法。墩高 10 米以上的用钢架替代木排架。分为浇肋、浇柱、吊小拱、填小拱及浇槽身五个工序进行施工，流水作业。肋拱浇灌的时候，从上游或下游的加强墩开始，浇其中两条拱圈至另一加强墩，然后逆方向完成两条拱圈，使拱圈不至于因支墩变位而开裂。

长岗坡渡槽的 133 个槽墩，有的槽墩在挖基础时遇到石灰岩层。而这些岩层下面，往往是空旷的溶洞，怎样处理这种难题。有的认为必须把岩层炸掉，再填充溶洞。以梁中为代表的一批青年技术员则认为，对岩层下面的溶洞大小以及需要多少填充材料都无法估算，而且成本会大大增加。

面对难题，他们请来了省水利电力局副总工程师黄镇波。黄镇波与梁中等青年技术人员进行了认真的勘查并进行了反复的合议。他们从厨房提来一篮子鸡蛋，摆放好，在鸡蛋上面放上一块木板，木板上再放几个铁锤。他说："如果铁锤直接压在鸡蛋上，是肯定会压破的，但是木板分散了压力，一层一层的鸡蛋又把压力扩散，鸡蛋就不会被压烂。按照这个原理，只要把石灰岩层上面的承重层科学处理好，分散槽墩的压力，安全就能够保证，就可以不用打破岩层而直接在上面施工"。最后，大家赞同了这个做法。

建设工程浩大的长岗坡渡槽需要用到许多的物

资，这其中最为重要的是水泥和石头。都说百年工程质量第一，这工程质量很大程度就在水泥上，而水泥的标号即水泥的强度就至关重要。

长岗坡工程建设所用水泥，一部分是罗平雀儿顶水泥厂生产的水泥，另一部分靠外出采购。

雀儿顶水泥厂生产的水泥一直都是有质量保证的，但是水泥的使用量非常大，常常供不应求。有一次为了赶工期，工人将未完成碱化的水泥运到工地上使用，险些酿成严重事故。张超崇把水泥厂长叫到施工现场，严厉地对他说："水泥未到碱化期就出仓使用，出现塌陷是会死人的，如果这样要拉你去枪毙！"

为了防止再次出现事故，县指挥部想出了一个土办法——蒸水泥。技术人员把水泥按批次抽取样品，倒在盆子里，放在大锅内蒸煮，以此来检验水泥的强度或标号是否达标。此外，技术人员还制作成6—8厘米大小的水泥块，自然养护5天，用水煮2小时，看它是否破坏来检查水泥在稳定性。

为了确保安全，青年技术人员除了用液压剪来抽检预制件的质量外，还将进入工地料库的水泥作强度、稳定性、凝结时间等常规检验，既科学又实用。

浇灌混凝土使用的石子要经过水洗，目的是去除

渡槽上浇灌混凝土

杂质，增强黏合度。同样，沙子、水泥、石子和水的比例各是多少，也要通过严格的计算，沙和石子要用磅称过，水要量过，然后拌成混凝土。而且，旁边有施工员一边指挥一边监督，容不得半点马虎。

其中，渡槽建设对沙粒的粗细有很高的要求，工地没有专用的六角网，无法检测各批次沙粒质量，怎么办呢？黎少公社丽芝大队的民兵王豪想出了一个办法，他准备一个装了半锅水的大铁锅，把沙子取样倒进大锅里搅拌，这样细小的沙粒在上面，而粗大的沙粒沉到最底部，粗沙和细沙得到隔开，以此测量出大小沙的比例，也以此鉴定沙样是否合格。

为了保证建筑材料的质量，青年技术人员不但要有专业技术作保证，而且在施工过程中必须认真谨慎、一丝不苟。

在砌槽墩的工程中，有两支年轻的专业队，分别是罗平公社泗盘专业队和黎少公社专业队，他们都是由一帮充满朝气、吃苦耐劳的年轻人组成。两支队伍分别由辛伙南、辛大安和陈东华、林春球带领，他们是公认的做得最快、技术最好的专业队。

他们在砌石方面有一个严格的要求，就是要"通光、过马、填缝、饱浆"。"通光"就是固定两个最高点之后，所有砌下的石块的表面不得高于这两点，以保持平面。"过马"就是砌下的石头，要摆放在下面一层两块石之间。"填缝"就是要用碎石把大石之间的缝隙填满。"饱浆"就是石与石之间要用足水泥砂浆黏合。这样砌出来的槽墩才能整齐牢固，符合要求。

在砌建过程中，要按坡比施工。渡槽槽墩的坡比是 5%，也就是说，每往上砌一米，就要向内收缩 5厘米。他们每次施工前，都严格按标准装好坡架，再三检查校正，才能动手施工。在砌建的过程中，还要时不时检验坡架是否松动变形。青年技术人员还要作专门的检查和记录。

林发润，既是黎少专业队青年民兵队员，又是一名青年技术人员，他在砌石的时候，对每一块石块都精挑细选，砌的部位不同，需要的石块大小也不同，形状也不同。看到石块上沾有一点点泥巴，他都会下意识地用衣袖擦干净。

就这样，长岗坡渡槽建设由始到终，每位青年技术人员和施工人员，都能严格坚持科学严谨和高度负责的态度，保证了百年工程的质量第一。

工 地 爱 情

工地上，红旗招展，干劲冲天。

在这里参加建设的青年民工，他们白天辛勤劳作，晚上或工闲之余，组织学习讨论、举办文娱活动，生活艰苦而又充实。在这个火热的工地上，他们付出了十足的干劲，也产生了丰富的感情。相互之间，产生了战友情、兄弟姐妹情，更有难忘的爱情。

一批未婚男女，因为互相帮助、志同道合而走得越来越近，也因为共度患难而产生真情，共结连理。

华石公社荔枝大队青年梁汉成，参加长岗坡渡槽建设那一年刚好 28 岁。这年，罗镜公社石淇湾大队的黄贵英姑娘 21 岁，她身材高挑，肤色红润，脸上那笑靥可爱逗人，她的出现，引来了无数爱慕的目光。

姻缘就是这般巧合。这两个不同公社的年轻人因一次排队拿工分牌而认识。有一天分发工分牌时梁汉成就排在黄贵英前面，发牌的干部笑着对梁汉成说："后面的这个年轻姑娘挺适合你啊。"毕竟是女孩子，黄贵英的脸一下就红透了。但她仍然好奇地打量着梁汉成，她觉得眼前这个陌生男子五官端正，高大英俊。

不知为什么，自那天之后，黄贵英总是有意无意地找寻那个男子的身影，她打听到他的名字叫梁汉成。工地响起广播，播音员悦耳动听的声音传遍整个工地，广播喇叭里正在表扬工作积极分子梁汉成。这是一个熟悉的名字，传入她的耳中，她意识到这个男子不仅相貌英俊，而且因工作积极肯干得到表扬，此刻的她更是增加了一份真爱之心。

一次，在担泥方时，黄贵英被倾泻下来的泥土砸倒了，而其中的一块石头还重重地砸在她的脚趾上，鲜血直流。正当她疼痛难忍之时，一个熟悉的身影从不远处飞奔过来，帮她处理伤口、止血，还跑去医疗室弄来双氧水、红药水、纱布，细心地帮她包扎起来。他就是梁汉成。

梁汉成在黄贵英最需要关心帮助的时候及时出现，让黄贵英对他进一步产生了好感。就这样，两个年轻的男女自然地走在了一起。爱情啊！它已经像枝头的鸟儿一样飞进了两个年轻人心中。

泗纶公社的赖展生与罗平公社的张银英，这两位青年也是在工地上相识相恋。刚刚从部队退役回来的赖展生，朝气蓬勃，敢想敢干，是指挥部派驻黄牛木沙场的施工员，从正式开工第一天起已经让数千人认识了他。那天，在指挥部周边，黑压压挤满了人的工地上，誓师大会开始了，赖展生代表指挥部施工员宣读《决心书》，他那洪亮浑厚的声音，高大结实的身材，清朗俊逸的外表瞬间吸引了人们的眼球。

在黄牛木监督沙场工作的时候，赖展生展现出了他的干练成熟的另一面，他办事讲原则但不呆板，为人沉稳却不失风趣。这些都让张银英看在眼里，记在心上。因为同在一个沙场干活，张银英自然得到了更多的机会接近赖展生，借着工作之机跟他多说几句话。年轻人的心思，有时就是这么简单率直。

那天的沙场接到突击任务，担沙的人手不足，赖展生与几个生产队长商量着要加派人手赶进度。张银英脱口而出就对赖展生说："我回去也动员我那些姐妹一齐来担沙。"

谁知道这次任务不简单，供应给工地的沙比平时足足多了一倍，当张银英和姐妹们完成任务之后，肩膀都被压得红肿了，张银英的手都几乎抬不起来，赖展生心疼得掉下了眼泪。

通过这次出色地完成了突击任务，这两个年轻人的心走得更近了。

梁汉成与赖展生，都因为在工地上表现优秀而各自赢得了姑娘的芳心，这样的爱情，筑牢了年轻人日后甜蜜生活的基础。

都说有缘千里来相会。是缘分，让许多年轻的心聚在一起；是缘分，让许多年轻的青年男女谱写出爱情恋曲，提供这个缘分的特殊场合就是长岗坡渡槽工程。而有时，因为互帮互助，让年轻的心更容易走在一起。

陈敬周与黎洁群因为参加劳动相互合作而走在一起。陈敬周由于身形相对单薄，加上他父亲是罗定第五中学的教导主任，人们也称有高中文化的陈敬周为"秀才"。

1976年，刚高中毕业的陈敬周就报名参加工地建设，在工作安排时，陈敬周与黎洁群两个素不相识的年轻人恰好被分在同一个小组进行打石子。黎洁群主动地说："我力气稍大点，那我负责搬石头吧。"将石头打成标准的石子就成了陈敬周负责的工作，这两个年轻人相互配合起来。有着"秀才"之称的陈敬周虽然单薄，但是他干活懂得动脑子，懂得用巧劲，瘦弱的身板打起石子一点也不含糊，这一切都让黎洁群看在眼里。

真正让黎洁群改变看法的是在工地组织的文艺表演活动上，陈敬周展现出他的才艺。他的音乐细胞好，能唱会弹，更增加了对他的陶醉。

黎洁群落落大方，工作中总是不遗余力，把重活自己挑了，都让陈敬周看在眼里，感动不已。回想着她对自己的"特殊照顾"。陈敬周发觉自己对她产生了依赖，同时，还有一种说不出的情愫。

一天，收工后，他从公社指挥所偷偷借了笔和纸，写下了"从来古勇苦旱地，雨涝干旱粮难留。今日共战长岗坡，携手同建幸福渠"。

字条写得很明白，也很婉转。陈敬周红着脸把它递给黎洁群。黎洁群惊奇地望着他跑远的背影，翻开手里的字条，那一刻她也明白了。

第二天，两个人从不同的工棚走出来，互相看了一眼。

"你……"

"你……"

大家不约而同地说着，却没有再说得出什么话来。两个人沉默着，只顾低着头一前一后地走向工地。整整一天，两人都没有再说过一句话。

收工的喇叭响起，陈敬周默默地收拾着工具，突然，一只手伸了过来，"给你"，黎洁群把一沓纸片塞进了他的上衣口袋，也快速地跑开了。

陈敬周摸出纸片，原来是一张粮票和几张纸币。总共是3元5角钱和一张8市斤的粮票。他看着跑远的黎洁群，仿佛明白了什么，他也迈开大步子，追了上去。

工地的夜晚，星月迷离。人们渐渐发觉这两个年轻人经常一起相约看戏、看电影、看文艺晚会。人们悄悄地说，他俩真是般配。

施工员郑振平，喜欢上了挑水泥浆的姑娘陈葵芳。有一天，郑振平正在进行质量检查，此时，陈葵芳挑着水泥浆爬上了排栅，来到了他的工作点。郑振平想不到，陈葵芳能够挑着满满的一担水泥浆，只见她满脸通红，一身是汗，青春与活力溢满全身。

见到陈葵芳身体结实有力气，且相貌端庄秀丽。郑振平不禁怦然心动。此后，郑振平隔三岔五找机会接触陈葵芳。

但在很长的一段时间内，陈葵芳对郑振平的追求不动心，爱理不理的，令郑振平百思不得其解。

郑振平是生江人，在姑娘及其家人心目中，生江是罗定出了名的苦旱之地，怎能放着好日子不过去熬穷日子呢！生江与罗平相比，更加缺水，更穷。

长岗坡渡槽通水之日，白花花的河水流进金银河水库，从水库流进千家万户，人们喜上眉梢。郑振平也收到了喜讯，因为他的诚心，终于感动了陈葵芳，两人终成眷属。

一对对年轻人的结合，机缘不同，原因各异，但这些发生在工地上的爱情，后来都陆续地结成了一段段美满婚姻。这种都是在为了一个共同目标而努力奋斗中产生的真挚感情，弥足珍贵，相信他们的爱情是永恒的，生活是幸福的。

第十章　治水治出金山银山

- · 绿水青山
- · 稻米飘香
- · 投资热土

绿水青山

绿水青山生态美，树木掩映幸福城。

1991年5月的一天，阳光明媚，和风送爽。一辆越野车在金鸡镇大岗村山脚下的公路边停住，从车上走下两个干部模样的人，下车后对着山上指指点点。后来这辆车又去了华石乡、素龙镇，在素龙镇鸡脚山下的公路边停下时，两人向山上走去，对山上指点着什么，连声说："变了，变了，真的出乎我的意料。"

接着，又一辆越野车赶来，停在先前来的那辆车旁，3人下车后向已走在山上的二人赶去，激动地与两人中的年长者握手。

"老书记，您怎么不打招呼就跑到山里来了？"

"小梁，我就是不打招呼来看看真实情况的。前几天听了电台广播，说罗定县被授予全国造林绿化先进单位，我就不信啊。我在罗定当了近5年的县委书

1990 年，时任罗定县委书记梁伟发（右三）陪同肇庆市农村工作现场会的领导

记，这里的山山水水我都清楚嘛，山是光秃秃的，而且这里鸡脚山更严重，不但不长树，天旱时'张牙舞爪'，下雨天又是'头破血流'。听到广播，我就想那样的地方怎会成为全国造林绿化先进单位？我要看看是真是假，所以不打招呼就来了。看了几个过去荒山最多、水土流失最严重的地方。确实变了，山上郁郁葱葱长满了树，山脚稻田一片青绿茁壮，山坑蓄水变

鱼塘，一群群鸭在水中嬉戏划绿波，你们做得很出色啊！"

"这是您老书记打下的基础啊。"赶来的年轻人说。

原来，先来的人是 20 世纪 70 年代中后期在罗定任县委书记的张超崇，长岗坡工程就是在他任期内动工建设的。后来，他调去肇庆任行署专员。后面赶来的 3 个人中，其中一人是罗定县委书记梁伟发，其余两人分别是罗定县委副书记莫北水和一名县农委干部。他们一行人兴致勃勃，相谈甚欢，似乎连山间的清风也可以感知他们心情的愉悦。

随后，梁伟发、莫北水向张超崇详细介绍了罗定县响应省委省政府"五年消灭荒山、十年绿化广东大地"的做法和体会。张超崇大赞罗定不但水利工程建得好，造林绿化工作也很有成效，全国造林绿化先进单位的称号名副其实。

罗定的小气候环境，随着治水治旱带来了良好的效果，空气湿度也增大了许多，山上的林木长得更快更茂盛。罗定人讲求科学造林，坚持适地适树、长抓不懈开展造林绿化工作，取得了显著成效。

"千山竞秀，层林尽染；曲水回环，山水如画。"诗人是这样赞美罗定葱郁的林业和秀美山川的。

绿水青山

　　从 1979 年到 1987 年，尤其是《关于开展全民义务植树运动的决议》在全国人大四次会议通过后，罗定很快就形成了政府、集体、个体、联户造林体制，年年组织城乡群众开展植树造林。1985 年冬，省委省政府作出"五年种上树，十年绿化广东"的决议，罗定开展了创绿化达标的群众运动。通过领导抓样板示范，层层抓责任落实，仅仅一年，全县就造林 10.14 万亩，种树 973 万株。随后几年时间，罗定还先后进行 6 次飞机播种造林，飞播面积达 98.36 万亩。

　　1990 年 12 月，全县组织 3 万多人召开植树造林誓师大会，誓要花两年时间完成绿化达标任务。1991
年3月，罗定县素龙第二中学接到要在3天内完成学
校对面一个黄泥山坡的造林任务。这里连黄茅草都不
长，大雨一来就"泪流满面"，沟壑纵横，群众也懒
得在这里开荒种田。学校把各班分片划分包干任务，
按规定的宽度、深度，挖好树穴，经验收合格后才种
上树苗。像素龙第二中学师生一样，全县各单位团体
都领到了任务。

到1992年，全县共完成造林835,023亩，其中
人工种植615,313亩，飞播造林219,710亩，人工种
下树木5900万株，罗定通过了广东省绿化达标验收。
实现绿化达标后，罗定的造林绿化工作并没有停步，
又开展了保绿求富的工作。

通过水利工程建设，罗定全县生产生活用水得到
保障，通过强化森林资源的培育、保护和管理，水土
得到保持，过去童山濯濯变成绿水青山。通过抓好珠
江防护林工程、西江水源涵养林工程、绿色通道工
程，落实了金银河、龙湾、三叉顶、罗光水库、大芒
山、连州仙境、聚龙洞7个森林公园的重点生态工程
建设。同时，罗定的林业还走出了一条生态林与经济
林紧密结合的特色之路。经济林基地包括肉桂、罗

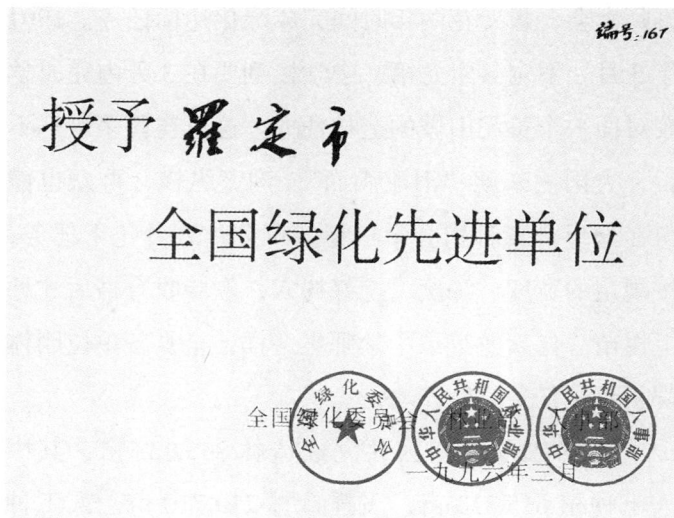

罗定被授予"全国绿化先进单位"称号

竹、松香、油茶等,成为广东省内闻名的林业特色产业,肉桂、蒸笼等还成为国家地理保护标志产品。

由于造林绿化工作出色,罗定先后被全国绿化委员会、林业部、人事部等国家部委授予"全国造林绿化先进单位""全国绿化先进单位""全国造林绿化百佳县""全国绿化模范县""中国肉桂之乡"。全市森林覆盖率从 20 世纪 80 年代的 28%,到 90 年代的 55%,21 世纪初的 58%,到 2017 年达到 62.82%,超过全省平均水平。

年年治水尝甜头，绿水青山乐悠悠。治旱治水成功后，罗定全县布满山塘水库，数千公里水渠纵横交错，空气湿度适宜植物生长，山上田野一片绿色。一年四季，百花争艳，鸟儿歌唱，好一派良好生态景象。

昔日，罗定是广东省 5 个水土流失严重的区域之一，在抓治旱的同时一并抓水土流失治理。经过长期不懈的努力，完成治理水土流失工作，昔日的荒山秃岭披上了绿装，罗定的生态环境得到了极大的改善。根据航测统计，罗定全县水土流失面积 337.5 平方公里，占全县总面积的 14.4%。水土流失的主要危害是淹埋农田、淤积水库、抬高河床。因此，受水土流失威胁的农田有 12.5 万亩，占总耕地的 23%，直接受害（淤积）农田 3.6 万亩，成为历史低产田。每遇大雨，雨水裹挟着大量表土泥沙倾泻而下，汇入罗定江。由于河水浑浊，罗定江素有"小黄河"之称，根据官良水文站的观察资料统计，官良站河床平均每年淤高 6 厘米，有的河段淤高已达 1.1 米至 1.7 米。这样，提高的河道洪水位增加了洪水对两岸的威胁。

附城公社一名干部脱口而出一首顺口溜：

> 雨水一来就塌方，
>
> 流到田里田丢荒，
>
> 流到鱼塘鱼死光，
>
> 流到河里抬高床，
>
> 流入水库变荒塘，
>
> 摧毁村庄与民房，
>
> 崩岗不治心发慌。

为了改变这种恶劣的生态环境，县里成立了"罗定县水土保持工作领导小组"，组建了水土保持办公室和水资源管理办公室，负责日常的组织工作，并坚持开展 10 年执着而艰辛的治理水土保持工程。

1988 年 3 月，县委副书记莫北水带着县水电局几位同志，以及苹塘镇干部一行到该镇小流域治理现场检查工作，路过一条小村，村前树木成荫，村后光山秃岭，泻下的黄泥已漫到村背。见此景，莫北水驻足思考了一下，苦笑着说："现在，我们来一副对联描述此景吧，我出上联，就是'门前小绿洲'，你们接下联吧。"有的说"路边花草香"，又有人说"村里果飘香"，莫北水听了觉得不贴切，说："还是我来吧，那就是'屋后大崩岗'。"

大家听了，口里都说很贴切，但心里却是沉甸甸的。

　　他们来到苹塘镇大埇水库尾，这是水土流失非常严重的地区，崩岗崩壁，十分陡峭，生物措施需要在壁坡上种树。可是，岗壁 10 多米高，群众心里就犯难了，这么高这么陡峭，怎么种树啊？县负责水保工作的干部龙庆瑞说："不种上树，不种上草，就肯定治理不了水土流失，不管多难也要干，就算搭梯爬上去也要种。"龙庆瑞做通大家的思想工作后，第二天，村民真的买来 10 架长竹梯，人们爬上岗壁打穴种树。后来，这种爬梯种树的做法被莫北水要求水保办在全县推广。水利部珠江水利委员会的领导到来检查工作时，对罗定这样的做法给予了充分肯定和赞扬。

　　附城镇龙船坑小流域治理是罗定水土流失治理的一个缩影，治理面积 17 平方公里，采取山上"乔灌草"结合增植被，坡脚种簕竹挡流土，坑口砌石护田地，山坑筑堤蓄水建鱼塘养鱼养鸭，山坡种水果的方式进行治理。经过 5 年努力，终于把昔日"山上不长草，黄泥往下倒"的光山秃岭建成了农业综合开发基地，产生了很好的生态和经济效益。

　　由于罗定的水土治理工作扎实，效益显著，1995年 4 月，全国第二批暨广东省水土保持监督执法验收

治理前后的龙船坑小流域

会议在罗定召开。1996 年 3 月 25 日，《南方农村报》在头版刊登了《罗定小流域治理显成效，昔日水来土走，而今粮丰林茂》一文，翔实报道了罗定治理水土流失工作的成效。

罗定治理水土流失，从 1987 年到 1996 年，10 年间累计投入资金 4511 万元，修筑大小谷坊 4554 座，拦沙坝 241 座，沟通工程 19.59 万米，开水平梯田 1185 亩，营造水保林 19.76 万亩，种牧草 1.7 万亩，种水果 4350 亩，开发鱼塘 1980 亩，加固河堤 38.65

金银河水库水质为一类水标准

公里，治理水土流失面积 276.48 平方公里。

　　治理前后土壤肥力变化明显，有机质含量从 0.115% 上升到 0.968%，全氮从 0.0032% 上升到 0.196%，全磷从 0.011% 上升到 0.038%，全钾从 0.732% 上升到 1.18%。

　　由于罗定水土保护工作做得好，1995 年被授予"全国水土保持执法先进单位"，1997 年被授予"全国水土保持先进单位"。

　　治水治出了绿水青山。主要河流水质保持国家饮用二类水标准，其中金银湖水质为一类水标准。由于强化了环境整治，全市大气环境总体质量保持良好。区间空气质量达到国家二级标准，空气质量整体处于优良状态，环境空气优良率（空气污染指数 API ≤ 100 天的天数）达 100%，年空气质量指数 AQI 达标率超过 99%，空气质量监测点 PM10 浓度值达到优质级别，是广东省全年无灰霾的县城之一。

2016 年 2 月，国家林业局批复，同意罗定金银河水库湿地开展国家湿地公园试点工作，金银河湿地公园成为广东省 15 个国家湿地公园之一。如今，罗定依托长岗坡渡槽建设党员教育基地，从长岗坡到金银河再到石牛山休闲公园，将传承红色基因的教育基地与市民休闲旅游观光的胜地融为一体。

这样，罗定广大市民每天都能享受着"绿水青山就是金山银山"的幸福生活。

稻 米 飘 香

2012 年的金秋十月，中央电视台《走进新农村——乡约罗定》栏目组选择在罗定开拍新一期节目。吸引中央电视台著名品牌栏目到访罗定的，正是罗定有机米。

节目别出心裁选在长岗坡渡槽旁边开拍，那宏伟壮观的渡槽成为电视画面的背景，让观众视觉震撼的是一条"人工天河"穿越天际而来，而那滚滚流水正是孕育罗定有机米的生命源泉。

节目一开始，罗定市委书记万木林邀请全国金话筒奖获得者、《乡约》节目主持人肖东坡品尝罗定美食，请他在现场 6 碗米饭中品尝出哪一种是罗定稻米做的米饭。

肖东坡逐一品尝之后，指着其中一碗米饭肯定地说："要我选，我选这个。这个真的大不一样，它有回香味。"

2012 年,《走进新农村——乡约罗定》在长岗坡开拍

随着《乡约罗定》节目在全国播出,"罗定有机米"通过电视屏幕,瞬间香飘四方。人们从电视节目知道罗定稻米,从电视镜头感受到罗定风景美如画,对罗定有了更加深刻的印象。

罗定好山好水育好米是因为生态环境良好,以及科学种植。

罗定和罗定稻米需要的是一个机会,一个展示魅力的平台。

同年的 10 月 25 日，罗定聚龙米基地锣鼓喧天，礼花飘飘，人头攒动。这一天，这里成了节日的海洋；这一天，这里充满了节日的气氛；这一天，这里成了罗定稻米扬帆启航的新起点。

"罗定稻米节"从此铭刻城市记忆的印记。罗定出好米！罗定稻米迅速打响了自己的品牌。

颜龙安是应邀出席这次盛会的一个重量级嘉宾，他是中国工程院院士、江西农业科学院名誉院长、水稻专家，现场品尝了用罗定米煮的饭后，就赞不绝口，连声说："粒粒如玉，绿色健康，罗定稻米了不起！"一个一辈子与水稻育种结下不解之缘的专家，如此高度评价罗定稻米的优质，实属难得。

除了颜龙安，这一天来到现场的还有许多专家、学者、宾客、商家共 800 多人。这一天，他们真切领略了罗定稻米的魅力，品尝到罗定特色美食，感受到罗定人的真诚。

2013 年 3 月，罗定市第十五届人大三次会议通过了市人民政府提请的议案，决定将每年的 10 月 23 日定为"罗定稻米节"。地方人大以决议的形式将其正式命名并固定下来，这是政府的决心，更是政府的睿智与远见，这无异于开创了历史的先河。

罗定稻米节场景一角

从 2012 年起，罗定已经成功举办了 6 届稻米节，从开始时县市举办到省市合办，再到国家农业部参与主办，规模一次比一次扩大，档次、影响力一次比一次提升。"2017 广东云浮·罗定稻米节暨名优农产品产销博览会"，更是盛况空前，吸引了全国各地的稻米企业高度关注和热情参与，展出了大米品种 168 种，展出了 605 种名优新特农产品，现场共签订大米购销合同 6300 吨。

广东省农业厅长郑伟仪已经多次出席罗定稻米节，他认为，罗定稻米节为展示现代农业发展成果、开展农业交流合作提供了良好平台。在有机粮食发展上，以罗定稻米为代表的稻米产业初具规模，为广东省粮食生产安全作出了积极贡献，为推动有机粮食向"标准化、规模化、机械化、组织化、产业化"发展探索了成功路径。

　　"罗定的稻米产业以绿色有机为主打，这是最大的特点，也是最大的优点。"广东省农业科学院水稻研究所长王丰非常肯定地说。

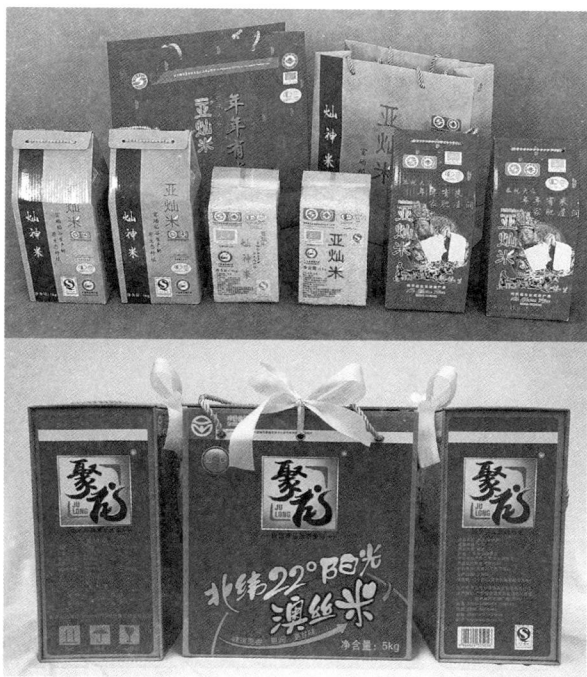

罗定优质大米

仲恺农业工程学院博士刘光华说:"水稻行业经常讲的'三品',即品种、品质、品牌,而三者中最重要的是品质。"

国家植物航天育种工程技术研究中心主任、华南农业大学教授陈志强认为,罗定稻米之所以如此优质,第一因素是绿水青山,生态良好的作用。

正是这样,著名男高音歌唱家、国家一级演员、空政文工团青年歌唱家刘和刚专程从北京赶到罗定,他要为罗定稻米而尽情高歌。

听说罗定是个好地方

好山好水处处好风光

青山连绵泷江水流长

稻花飘香四海美名扬

都说罗定稻米不寻常

来自那彩云追月的故乡

聆听着雨打芭蕉的声响哟

沐浴着岭南明媚的阳光

罗定十月稻米香

粒粒如玉堆满仓

绿色有机添健康啰

泉耕稻米香四方……

一曲《罗定稻米香》，唱的不仅仅是罗定稻米香四方，更是代代罗定人创业的传奇。一曲《罗定稻米香》，唱出满目泉耕金穗美，青山泷水好地方。

在罗定，乃至粤西地区，人们对亚灿米并不陌生，这是远近闻名的有机米，是罗定市丰智昌顺科技有限公司培育和树立起来的罗定稻米品牌。

因为亚灿米坚定不移走生态环保、绿色有机的路子，先后获得了中绿华夏、日本 JAS、JONA-IFOAM 和（ECOCERT.SA）欧盟有机认证，获广东省质量技术监督局授予采用国际标准产品。同时还获得"广东省名牌产品""中国农业产品交易会金奖""中国十大大米区域公用品牌""全国籼稻米金奖大米"等 8 项国家级奖项，以及 10 多项省部级殊荣。在稻米行业中，罗定大米获得了国家专利 10 项，并获准使用"罗定稻米"国家地理标志保护产品专用标志。

陈炳佳是罗定稻米龙头企业领军人物之一，2004年，他回罗定创办了稻香园公司。长岗坡渡槽竣工通水的那一年，他刚刚 15 岁，如今，凭借着长岗坡渡槽流水的养育，他把自己的稻米产业越做越大。

目前，稻香园公司已经成为广东省农业龙头企业，生产的聚龙米获得中国国际有机食品博览会金奖和中绿华夏有机认证等一系列殊荣。陈炳佳获得农业部、科技部颁发誉为农业奥斯卡的"神农中华农业科技奖"。

罗定市长期坚持品牌发展战略，取得了很好的成效。除了罗定聚龙米、亚灿米屡获殊荣外，全市获得无公害、绿色、有机食品认证共35个，获得广东省名牌产品称号共10个。

2015年，国内"镉大米"风波持续发酵、米商叫苦不迭，在广东中山石岐经营大米的老板梁铭专程三赴罗定，采购罗定稻米。"品质有保障，我能从罗定米中找回从前的味道。"梁老板说。

2016年12月，"罗定稻米"获得了由农业部市场司主管、中国优质农产品开发服务协会与中国农产品市场协会共同主办的首届中国大米品牌大会颁发的"2016年中国十大大米区域公用品牌"称号，与五常大米等共同入选。

回想起当年罗定人敢为人先、自力更生、艰苦奋斗、迎难而上兴修水利的艰苦岁月，换来今天的良田万顷、稻米飘香，怎能不让人激动得热泪盈眶！

罗定先后5次被评为"全国粮食生产先进县"之外，还被评为"全国基层农技推广体系改革与建设示

2017 年首届"广东好大米"交流会圆桌讨论会

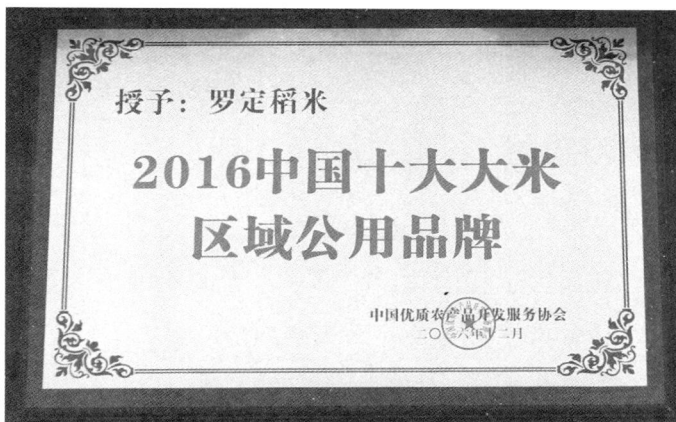

范县""全国首个有机稻米整批出口至欧盟和日本的
县（市）""广东省现代农业科技示范县"。"罗定稻米"
以 45.55 亿元的品牌价值进入初级农产品类地理标志

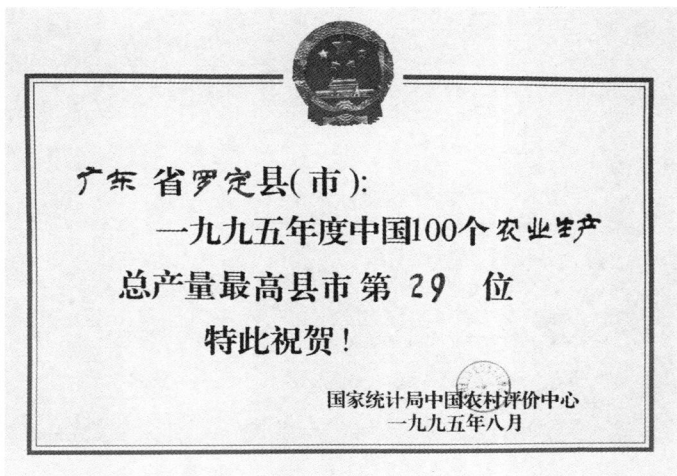

> 广东 省罗定县(市):
> 一九九五年度中国100个农业生产
> 总产量最高县市 第 29 位
> 特此祝贺！
>
> 国家统计局中国农村评价中心
> 一九九五年八月

1995 年，罗定入选全国 100 个农业生产总产量最高县市

产品榜单。

罗定稻米品牌，已成为罗定一张响亮的名片。

"没有过去几十年坚持不懈的兴修水利根治旱患，没有长岗坡工程的建设，哪来今天的罗定稻米香四方？"中共罗定市委书记黄天生如是说。

市委书记的话是发自内心的。

罗定稻米基地的建立，正是罗定广大干部群众，坚持年年兴水利、治旱患、造大林、育生态换来的结果。

投 资 热 土

上善若水，水利万物而不争。大地因为有了水的滋润而生机勃勃，城市有了水的滋润而成了生态良好的宜居宜业的一方热土。

2004年12月6日，一架直升机降落在罗定机场，机上走下几个高大伟岸的外国贵宾。原来，美国艾默生集团全球总裁兼首席运营官孟瑟一行从美国来到广州，再包机飞到罗定参加其全资子公司雅达电子的十年厂庆暨第二期工程投入使用庆典仪式。工厂的1万多名员工齐集厂内大广场夹道欢迎，场面非常热闹。艾默生集团高层更是兴高采烈，非常满意。孟瑟在庆祝会上说："雅达电子落户罗定，获得了意想不到的效益，全厂员工已超过1万人就说明了罗定雅达电子的兴旺。今后，艾默生集团在亚洲的投资项目，必先到罗定雅达电子厂区参观，如果不在罗定投资，要说明原因。罗定投资的软硬环境都非常适合我们电子行

绿染泷江

业。好山好水好人情，这个地方我们选定了。"

雅达电子于 1995 年落户罗定，是世界 500 强企业美国艾默生公司的全资子公司，该公司在罗定以生产手机充电器为主，每天生产充电器 20 多万个，产量占全球的 30%。到罗定落户后，员工不断增加，从 3000 人、5000 人到 10,000 人，最多时达到 13,000 多人。由于得到罗定市的大力支持和周到的服务，效益越来越好，业务不断扩大。

雅达电子为什么青睐罗定，落户罗定，并在罗定不断发展扩大，重要原因之一就是罗定的青山绿水，加上良好的投资软环境。

　　习近平生态文明思想以及"绿水青山就是金山银山"的理念，在罗定得到了较好体现，人们纷纷点赞罗定优良的生态、优美的环境，踊跃前来罗定投资、置业、安居、乐业。罗定，逐步成为一座商机涌动的工业新城、一座令人向往的现代生态城市。

　　继雅达电子有限公司落户罗定后，一大批大中型企业纷纷到罗定安家，集聚罗定市佛山（云浮）产业转移工业园双东分园发展。该园区被确定为省产业集聚区和循环经济示范园，初步形成了高新电子、日用

罗定市产业转移工业园区被列入《中国开发区审核公告目录》

化工、机械装备、生物制药四大产业集群。总投资 37.5 亿元的中顺洁柔纸业有限公司落户园区，计划建设年产 48 万吨高质生活用纸生产基地，年产值 100 亿元，可提供就业岗位 2000 多个，建成后将成为世界"三个最"（单一工厂产能最大、设备最先进、品质最好）的现代化高档生活纸生产基地。总投资 25 亿元的罗定铨欣能源智能照明公司、总投资超 30 亿元的广东一力罗定制药有限公司系列知名药企纷纷集聚双东分园，推动园区持续扩能增效、四大产业集聚发展。十二五期间，园区各项主要经济指标保持两位数的增幅。

2017 年，罗定成功举办了首届"情系泷州、绿色发展"投资贸易洽谈会，掀起了罗定建设粤桂边工业新城的热潮，推动经济社会发展持续攀登高峰。十二五期间，罗定主要经济指标持续排在云浮地区前列，其中工业总产值、规上工业增加值、社会消费品零售总额、税收收入、本外币存款余额和贷款余额 6 个主要经济指标均实现了翻一番。在粤东西北 2015 年度县市区"经济振兴指数"排名中，罗定市排行第 7 位，人均 GDP 增速排名第 7 位。

第十一章　历久弥新的精神

- · 长岗坡精神
- · 精神的力量
- · 精神永恒

日月更替，斗转星移。

37年来，长岗坡渡槽栉风沐雨，巍然屹立，也爬上了点滴青苔、微微轻尘，与周围的翠竹、稻田、村庄融为一体。

长岗坡渡槽的很多文献已经陈旧、泛黄，甚至散失。当年的建设者，多数已经两鬓斑白，有的已经无法找寻。但是人们依然会谈论起当年建设的人和事，那个万人大会战的情景永远不会忘记。

时间，从不为谁而倾斜，为谁而停留。春风蔚然、青山依旧，历史故事里的人和物都已经改变了。唯独长岗坡渡槽是个例外，她好像总有一种东西可以在岁月的沉淀中放射光芒、永恒闪烁。

当人们谈论起当年县委敢为人先、改革创新，以小财政兴办大水利的往事，总是精神振奋！当人们回忆起当年的罗定县委以及县委领导郭荣昌、张超崇、李均林等共产党人与群众同吃、同住、同劳动的场景，谈论起他们为人民举旗定向、筚路蓝缕、大兴水利的故事，内心总是涌起崇高的敬意！当人们谈论起当年各人民公社党员群众不计得失、辞别家小、连夜赶路、四面八方前来长岗坡会战，内心总是涌起无限的感动！

那隔着时空传递、让人心潮起伏的究竟是什么东西？是经时光打磨而历久弥新的感人故事，是故事里主人公身上那看不见、摸不着但却实实在在的长岗坡精神——**敢为人先、艰苦奋斗、善于担当、一心为民！**

这种精神，充分体现了只有坚定不移地坚持中国共产党的领导，中国的革命和建设才能无往而不胜；这种精神，充分体现了中国特色社会主义制度的优越性，可以集中力量攻坚克难办大事，解难事；这种精神充分体现了无论何时何地，都必须坚持群众路线，一切为了人民群众，一切依靠人民群众；这种精神，充分体现了凡是要办成大事，都必须坚持解放思想，实事求是的科学态度，相信科学，依靠科学决策。

这种精神，承载历史，见证梦想，昭示未来。随

着和风细雨，渗入心田、滋养灵魂，启迪着后人不断
奋勇前进。

长岗坡精神

——敢为人先

在历史长河中，敢为人先、务实创新是一种历史传承。当社会矛盾累积到一定程度时，便出现革命或需要创新。秦因商鞅变法而强，清因闭关锁国而衰。

习近平总书记指出，改革创新始终是鞭策我们在改革开放中与时俱进的精神力量。全国各族人民一定要弘扬伟大的民族精神和时代精神，不断增强团结一心的精神纽带、自强不息的精神动力，永远朝气蓬勃迈向未来。

"穷则变，变则通。"正是在敢为人先精神的持续激荡和影响下，罗定先后开展了以水利建设为代表的许多敢为人先的工程，尤其是长岗坡工程，是罗定务实创新精神高地上的一颗璀璨明珠。

长岗坡渡槽成为国内第一人工渡槽，最明显的特点就是工程难度大。如此高难度的工程，并不是突发奇想，而是建立在罗定人民敢为人先精神的基础之上。罗定人民在过去的几十年水利建设过程中，敢想敢干，干出了很多见所未见、闻所未闻的工程。从 20 世纪 50 年代开始大搞小型水利"一村一库塘"，到后来"长藤结瓜""引蓄提电""六引"工程，再到长岗坡渡槽枢纽工程的建设，罗定水利建设的步伐始终没有中断。

1972 年，罗定水利建设初见成效，但旱患尚未根本解决。干旱缺水特别严重的 5 个公社 8 万多亩农田用水和 20 多万群众的生活用水问题还没有解决。于是，县委"想前人之未想，干前人之未干"，决定上马长岗坡工程，以伟大的实践，生动地诠释了一个关键词——敢为人先。

在长岗坡工程建设之前，罗定就已经建成一座座远近闻名的水利工程，这是敢为人先的结果。比如在旗垌大队建设水轮泵站时，建设者敢于打破当时"水轮泵最高扬程只有 60 米"的框框，靠土办法建设了一座扬程 90 多米的水轮泵站，创了全国第一。1967 年，分界公社罗星大队建成扬程达 121 米的九级水轮泵站，把河水引上高山，再创全国新高。

青桐电站建设是罗定水利建设务实创新的又一典

范。该水电站设计 3 台机组 4800 千瓦，为了节省费用，决定由县农机一厂研制水轮机，这是一个很大的挑战。为了节约几百吨钢材，县水利构件厂厂长范亨利带领全厂职工开展新一轮技术改造，通过以水泥为主料、加入高强度钢丝等办法探索制作出一种内径达 80 厘米的新型压力水管，最大能承受 23 公斤内压。这在当时更是创全国第一。

敢为人先不是盲干、蛮干、胡干，而是有前瞻地干、切合实际地干。长岗坡工程的建设，难度要比之前的水利工程建设大得多。包括设计的长度、跨度、流量等指标见所未见，没有先例。困难和挑战，没有吓倒勇于创新的罗定人。设计方案时，就凭着罗定本土工程技术人员反复研究比较，最终选定了安全、节料、省钱又美观的肋拱渡槽及实心重力墩方案，仅此一项创新就节约了钢材 300 多吨，节约资金 100 多万元。

又比如，建设牛路迳引渠的时候，采用挖隧洞的方案，开挖明渠，在明渠上盖水泥板，然后再在水泥板上搞绿化，这样既可节省大笔工程费用，又保护了生态。

长岗坡渡槽至今已经安全运行 37 年，仍未需要进行大修，靠本土技术人员设计、靠土办法建造的高质量工程，青春依旧。我们相信，日夜奔腾的河水述说的是"誓把河水引上山头"的凌云壮志，正是"事到万难靠创新"的精神，正是"开拓创业舍我其谁"的事业心和责任感。这种敢为人先、务实创新的精神，将随着滔滔渠水永远长流。

——艰苦奋斗

自力更生，艰苦奋斗，是中华民族的优良传统，这种传统永远不会过时。

"幸福是奋斗出来的""奋斗本身就是一种幸福""新时代是奋斗者的时代"，这是习近平总书记反复强调的。他还指出，劳动创造了不平凡的业绩，铸就了"爱岗敬业、争创一流，艰苦奋斗、勇于创新，淡泊名利、甘于奉献"的劳模精神，丰富了民族精神和时代精神的内涵，是我们极为宝贵的精神财富。

长岗坡工程是在极其艰难的条件下建设起来的，缺资金、缺技术、缺设备，困难重重。但当时的罗定从领导干部到党员，从党员到群众，靠的就是"敢教日月换新天"的豪情壮志，发挥愚公移山精神，不等不靠，自力更生、艰苦奋斗完成了这项世界水利巨作。

"人工天河"——长岗坡渡槽

　　资金严重不足。建设者从设计到施工都把每一分钱掰成两分用。省吃俭用挤一点、发动群众助一点、科学设计省一点、感动上级给一点。需要工具自己造，需要石灰自己烧，需要炸药自己制，需要水泥自己做。用最少的钱办更多的事。为了节约，建设指挥部设立严格的物资进出全审批登记制度，设立劳动工具维修服务站和废旧材料回收站。领导带头，人人动手，为节约一根木头、一颗铁钉、一斤水泥而努力。

据不完全统计，长岗坡工程回收铁钉、马钉达 30 多吨，水泥纸 170 多吨，回收的废旧木料不计其数。

机械严重不足。整个工地只有空压机 1 台、碎石机 1 台、手摇绞车 4 台、施工钢架 6 排、卷扬机 6 台。但他们坚持机械不足人力补，没有运输工具，大板车汽轮车上阵。高空浇筑混凝土作业就是靠人力一担一担地沿着排栅挑上去。砌筑高达 25 米的槽墩，也是靠肩膀将 100 多公斤重的石料一块一块地抬上去。

自力更生、艰苦奋斗首先需要县委及各级领导带头。开始时每个领导干部每年上工地劳动 60 天，到后来增加到 100 天。通过领导干部的带动，集中全县力量打攻坚战、大会战。从生产队到大队，再到人民公社共组织了 4 万多劳动力参加建设。为了长岗坡渡槽枢纽工程的成功，为了从根本上解决罗定的旱患，他们夜以继日地大干、苦干、巧干、拼命干。

自力更生、艰苦奋斗最大的特点，就是不等不靠。罗定人把这种精神发扬光大，在改造罗定山河的岁月里，敢于吃苦、甘于奉献的英雄儿女不计其数，他们倾其所有，带上自家的锄头、铁锤、镰刀等工具投入到工程建设中，甚至连自家的炊具、番薯杂粮、生活用品等也一同带到工地上。

艰苦奋斗，是创业者的本色。在长岗坡工程建设中，建设者们把个人得失置之度外，病倒了坚持不下火线，受伤摔倒了爬起来继续干，甚至有人因此献出了宝贵的生命。

在一次塌方事故中，年仅18岁花季姑娘陈雪玲的英魂永远与长岗坡工程共存。带病参加劳动的黎少英，早晨上工前购买的中药还没煎煮，就永远地挂在墙上了。她来不及给亲人留下半句话，甚至还来不及听到小儿子叫一声妈，就带着牵挂与不舍，长眠在工地下。民工莫金遇难，她的丈夫陈锦柱处理好了妻子后事，二话没说，背上儿子继续踏着妻子未走完的路，投身到长岗坡工程建设中去。差点被活埋的陈开林，受伤后休息不到两天，带着浑身的伤，和妻子又准时来到工地，在埋葬着6名工友英魂的工地上，展开了新的战斗。

几十年来，长岗坡渡槽的滚滚流水，没有带走，只有带来，没有流逝，只有流淌。那些在艰苦岁月中付出汗水与生命的建设者，历史会永远记住他们。

萧瑟秋风今又是，换了人间。经过几十年的时光，长岗坡工程依然青春勃发。实践证明，自力更生、艰苦奋斗的精神，永远没有过时。

——善于担当

罗定的水利建设，党委决策什么，群众就干什么，干部走到哪里，群众就在哪里出现。是什么把广大人民群众凝聚在一起？那就是攻坚克难、善于担当的精神，老百姓亲身感受到罗定历届领导的所谋所为，看到了领导干部"功成不必在我，但建功必须有我"的情怀。正是他们带领全县党员干部群众为改变罗定旱情，谋一件、办一件、成一件，为罗定人民留下了一个个攻坚克难、善于担当的生动例证。

新中国成立之后，罗定第一任县委书记谭丕桓看到老百姓上香烧纸钱拜神求雨，就坚定地表示，决不能让老百姓把抗旱的希望寄托在神的身上，一定要以科学的态度修好水利为老百姓解决用水问题。

1972 年第 20 号台风袭击罗定，造成 39 人死亡，经济损失严重，时任罗定县委书记郭荣昌检查灾情时，伤心地流下了眼泪，并暗暗下决心，一定要根治罗定的旱灾和水灾，把水利工程搞好，从根本上改善罗定人民的生产生活。

1975 年，长岗坡工程建设提交县委常委会讨论时，引起了一场激烈的争论，有的同志认为资金困难，不赞成上马。时任县委副书记李均林在常委会上拍案而起，态度坚定："为了彻底解决罗定的旱患，为了使罗定人民今后能吃上饭、吃饱饭，我们党政机关干部哪怕少拿一些工资，少吃两餐饭，也要从财政挤出一点钱来。"李均林的意见得到时任县委书记郭荣昌的坚定支持，他代表县委郑重表态决定："只要能从根本上解决罗定旱患，再苦再难也要干。"

善于担当，是一种品德，一种风尚，一种价值尺度，一种精神力量。凡是一心为公、为民请命的担当行为，都会深深地影响着一批人。接任县委书记的张超崇做到战略上藐视困难、技术上重视困难，他心中坚持一个理念，那就是咬定青山不放松，迎难而上，竭尽全力，千方百计干下去，干出成效来。

张超崇不仅这样说，也是这样做。他长期扎根在工地，久而久之，要找他办公事的人都知道，只有来工地才能找到他。有一次办公室的人要找他签批文件，明明看到他进了工地，但来到指挥部一问，大家都说没看见。后来才了解到他和县委副书记李均林一到工地上就直接去拉大板车了。

县委副书记陈启开为了节省每一分钱，外出公务的时候，经常搭别人的"顺风车"、住朋友家。作为县领导宁愿委屈自己也要为长岗坡工程作贡献的举

动，感动了地委、省委领导，得到了他们的重视和
支持。

县委常委兼工程总指挥梁自然为了解决工程建设
木材缺乏问题，四处外出购买木材，期间翻山越岭、
穿社过县，不怕辛苦劳累，为了确保工程施工的正常
开展，工作到大年三十晚，还是坚持到外地采购工程
原材料。

在党员领导干部的感召下，广大群众也纷纷主动
投入到工程建设中，演绎了一个个善于担当的动人故
事。突击队副队长张必森在炮火连天的炸石工地上勇
救工友。何荣南身负重伤，高位截肢，伤好后依然回
到工地参加劳动。赖光荣力大如牛，一个人完成几个
人的工作量。

一项如此宏大的工程，要做到攻坚克难，善于担
当，必须从最细微的事和最细小的环节做起，才能做
到最好。工程开工以来，工程指挥部和指挥所都坚持
每晚召开总结会，检查当天的工作进度、质量、安全
等情况。县委一周一次"火线整党"，布置任务和督
促检查两手抓，完成任务好的表扬，施工进度慢的通
报批评，质量不达标的坚决翻工重做，做到当天存在
问题当天解决。

为保证工程质量，从设计者到施工人员都坚持一丝不苟。设计部门在施工设计图纸上将材料用量标注得详细、清晰；工程师专门在指挥部后院铺设一片水泥地，按一比一比例把设计图画在上面，与施工人员详细讲解各部分的结构特点和尺寸，派出专责施工员负责每个槽墩的监管工作；建设者在砌石时，每一块石料都精挑细选，放在最合适的位置上。看到石块上有泥，还用衣袖擦干净。

罗定人民在长期的水利建设中，铸就了攻坚克难、善于担当的精神，这种精神激励着他们创造了一个又一个奇迹。

——一心为民

在党的十九大报告中，习近平总书记强调："不忘初心，方得始终。中国共产党人的初心和使命，就是为中国人民谋幸福，为中华民族谋复兴。这个初心和使命是激励中国共产党人不断前进的根本动力。"

"我是谁，为了谁，依靠谁"，是党员领导干部的立足点，是我们党获得最广泛、最可靠、最牢固群众基础的力量源泉。

"中国共产党除了工人阶级和最广大人民的利益，

没有自己特殊的利益。"党章是这样写的，广大党员也是这样做的。罗定的苦旱面貌，为什么只有新中国成立后在中国共产党领导下才得到根治？就是因为我们党始终牢记宗旨，一心为民。

1973年，罗定县委书记郭荣昌组织县委讨论长岗坡工程建设，面对众说纷纭时，他动情地说："前段时间，我到双东公社大同驻村，刚好遇上下大雨，雨水流进河，一群村民用手挖泥筑墙把水堵回田里。我内心里很不是滋味，很难受，我脱了鞋，过去和村民们一起堵水。一个村民双手捧起雨水对我说'郭书记呀，要是有一天我们村能有水利灌溉就好了。'我相信在座很多同志也经历过为水所困的苦难。现在我们有机会担任领导职务，要彻底改变罗定的苦旱面貌，过程肯定是艰难的，但我们都必须做到竭尽全力。"

如果没有郭荣昌、张超崇、李均林等一批党员领导干部"以民忧为己忧，以民困为己困"的宗旨意识和为民情怀，就没有长岗坡工程的构想和实现。

长岗坡渡槽枢纽工程的建设，包括历届罗定县委大兴水利建设，一不为政绩，二不为名利，而是时刻谨记如何解决罗定的苦旱面貌，为广大老百姓解决吃饭和用水问题。

新中国成立以来，罗定县委始终坚持大兴水利建设，全县组成了浩浩荡荡的 12 万人的水利建设大军，3 年时间就建成小型工程 1004 座。1972 年，全县提前完成水轮泵建设五年计划，建成引水工程和水库 100 多座，办起 100 多座中小型水电站，架设高压输电线路 500 多公里，修建 300 多座抽水站，安装了 1200 多台水轮泵，成为广东省第一个"千泵县"。同年，全县 7 处进行河道整治、12 处进行裁弯取直的工程，整治造田 9000 余亩，14,000 多亩稻田实现旱涝保收。

毛泽东同志说过，在我党的一切实际工作中，凡属正确的领导，必须是从群众中来，到群众中去。一切依靠群众，充分激发群众的干事创业热情，这是解决问题的最有效的方法，就是"依靠谁"的答案。长岗坡工程在建设过程中，县领导带头到工地拉车，带领广大党员团员、青年突击队成员和人民群众一起，共同克服了千难万阻。从县委到大队各级党组织，都坚持依靠和发动群众，为了人民修水利，依靠人民修水利。从县委领导到大队党支部书记，从工程指挥部总指挥到工程小组长都是心往工地想、身往工地驻，整天为工程奔忙。他们偶尔难得回家一趟，凌晨四五点又返回工地现场，有的还拿出自己的工资给工地应急。领导干部的为民意识、为民作风，极大地调动了群众的积极性、主动性，人人都为建好水利工程而不懈奋斗。

牢记宗旨，一心为民，这种精神不仅仅是一届两届班子所做，而是届届坚持，任任相传，从不中断。长岗坡工程是罗定水利建设的最大亮点，但不是终点。1990 年，金鸡镇镇委书记岑培光对即将接任的谭政勋说："金鸡是苦旱之地，水利建设是重点，这里有一个习惯，每一任书记交接时都要交代清楚，在任的时候都要新建一项以上的水利工程。"送谭政勋赴任的县委书记梁伟发当场点头赞许，说："对，为官一任，造福一方，我们一定要多办一两件让老百姓真正受惠的实事。"

谭政勋在金鸡镇任书记期间，坚持搞好水利建设，其中建成了储水 13 万立方米的柠檬坑水库，为 250 亩稻田解决用水问题。他卸任时，同样也是交代下一任书记要坚持搞好水利建设。正是各级党委这样一代代的传承和接力，才有了今日罗定水利建设和农业发展的大好形势。

"衙斋卧听萧萧竹，疑是民间疾苦声。些小吾曹州县吏，一枝一叶总关情"，长岗坡渡槽工程的建成，充分体现了罗定各级党组织想群众之所想、急群众之所急的宗旨意识和一心为民精神。

精神的力量

红旗指引方向，渡槽通向辉煌。长岗坡渡槽枢纽工程沉淀的精神，汇聚起磅礴的力量，激励罗定人民在改革开放波澜壮阔的大时代里，在现代化建设的新时代里，始终保持艰苦奋斗的精神，一路高歌猛进，冲出偏远山区，连通广阔天地。

当年提出长岗坡渡槽枢纽工程大胆构想的县委书记郭荣昌，在他42岁风华正茂的时候，从罗定县委书记的位置，直接提拔为广东省委书记。

而历经时代洗礼的一大批干部，从长岗坡渡槽脚下启程，走出罗定，到了更高的岗位再建新功。

同样在长岗坡工程建设中成长起来的能工巧匠，在渡槽建成之后，在新的领域大显身手。那时候，全县组建5个县属建筑公司，31个专业建筑队，专业建筑技工3万多人，在改革开放初期，罗定已创出了10万建筑劳工进军珠三角的宏大场景。

"立足山区、发展山区"！

"地利不足人和补、交通不足通讯补、资源不足科技补"，罗定掀起了新一轮的建设热潮。

很快，缫丝厂建设好了，麻纺厂建设好了，苎麻厂、屏风山水泥厂、船机厂、无线电厂也建设好了！一批国有企业、乡镇企业、民营企业纷纷落户投产。

"三来一补"和"三资"企业纷至沓来，罗定形成机电、纺织、服装、化工、建材五大工业体系，在全省享有盛誉，产品畅销港澳、中东、欧美等几十个国家和地区。1993 年，也就是改革开放 15 周年，全县社会生产总值达到 66.04 亿元，比 1978 年增长了11 倍。全县实际利用外资 1.28 亿美元，成为全省山区县创汇大户，被誉为广东山区利用外资的一面旗帜。连续 10 年，全省的外经贸工作会议，罗定都作经验介绍。

在一次县委常委会上，时任罗定县委书记梁伟发把他深思熟虑的想法提了出来。

他说："罗定要突破区域障碍，必须努力营造比珠三角更优的营商环境。我们必须另辟蹊径，快捷提升罗定区位优势，就是建机场、修铁路！"

伟大的时代，伟大的事业。特有的历史特点见证

全国首个县级机场——罗定机场

　　着伟大的发展历程。一个边远山区县敢于靠自身力量建机场、修铁路，在全国绝无仅有。

　　罗定机场于 1991 年 4 月动工，10 月竣工，12 月 8 日举行通航仪式，成为全国第一个山区县自筹资金投资 2036 万元建设的通用航空机场。

　　事实证明，罗定机场建成后，其效应及影响立竿见影。至 1995 年，罗定的"三资"企业、"三来一补"企业已经达到了 700 多家，一批又一批的知名企业进驻罗定，其中就包括世界 500 强企业雅达电子有

罗定火车站

限公司。

　　1995年前后，雅达总经理徐剑雄一行先后到国内多个地区考察投资环境，最终能够落户罗定，很重要的一个因素就是因为罗定有机场、有海关。

　　当年，国父孙中山先生在制定建国方略时，曾把罗定作为广思铁路（广州至云南思茅）入桂的交汇点，作为沟通大西南的铁路干线之一，以带动粤、桂、滇三省的经济发展，然而由于历史的种种原因，伟人壮志未酬。直到20世纪90年代初，罗定人以其敢为人先的精神，自筹资金，实施兴建罗定地方铁路的壮举，不但承载着几代人的梦想，更是圆了一代伟人孙中山的夙愿。

1994 年 4 月 8 日，经国务院批准，罗定撤县设市。

在改革开放 40 周年之际，中共罗定市委书记黄天生在与党员干部座谈时，谈起罗定的机场和铁路的建设时感慨万千。他说："在当时要建设规模如此庞大的项目，体现了当时县委领导高瞻远瞩的目光、自信果敢的政治魄力和敢为人先的良好精神！"

长岗坡精神为罗定的发展提供了巨大动力。

2008 年，罗定市委明确提出"聚人心、打基础、促发展、树品牌"的工作思路，在新的起点上实现新的发展、树立新的品牌。

2014 年，时任中共中央政治局委员、广东省委书记胡春华调研罗定时，寄语罗定要"围绕交通建设谋划好经济和产业发展""建设成为真正的'两广中心'"。

领导的关心鼓励，就是巨大的动力和坚强的后盾。

随着罗定首条高速公路——云罗高速公路建成通车，罗定高速公路建设捷报频传，时隔一年，岑溪至

罗定市高速公路立交桥

罗定高速公路全线贯通。很快，罗阳高速公路建成通车，江罗高速建成通车，怀信高速动工兴建。

罗定，构筑起"四高速一机场一铁路一国道"的综合交通体系，成为粤桂战略合作的重要枢纽。

短短几年时间，当日省委书记的寄语和要求，均已一一实现。

乘着党的十九大东风，当前的罗定坚持以习近平新时代中国特色社会主义思想统揽罗定改革发展全局，围绕广东省委构筑"一核一带一区"区域发展格

招商引才暨第十届泷州教育基金会助学奖教活动场景

局，树立与新发展理念相适应的区域发展理念，转变靠珠三角产业溢出带动周边梯次发展的固有思路，突破行政区划局限，发挥地处环珠三角的生态优势、邻近珠三角核心区的地缘优势，把握省委通过差异化实现区域发展的协调、通过推进基本公共服务均等化促进区域发展的均衡这两大契机，按照云浮市委建设现代生态城市的目标，坚持"融入珠三角，沟通大西南，共抓大保护，建设粤桂边工业新城"，努力在高水平保护中实现高质量发展，努力筑牢生态屏障，努力让"绿水青山"的优势持续转化为"金山银山"的硕果。

为在新征程上夺取新胜利，罗定坚持与时俱进，

罗定市区鸟瞰图

把传承长岗坡精神融入学习践行习近平新时代中国特色社会主义思想当中。继续大力弘扬敢为人先、艰苦奋斗、善于担当、一心为民的长岗坡精神，为深入贯彻落实党的十九大精神，全面实施乡村振兴战略，加快罗定发展而凝聚更大的力量。

目前，云浮正以长岗坡精神为动力，加紧建设长岗坡党员教育基地。

中共云浮市委认为，长岗坡精神是"红船精神"在云浮的生动实践和具体体现。要求全市党员干部要把弘扬长岗坡精神与"红船精神"紧密结合，把党员教育培训，实施乡村振兴发展战略、建设红色旅游和水利工程文化博览等纳入基地的总体规划。

2018 年春，中共罗定市委正在贯彻落实党的十九大精神，在罗定实施乡村振兴战略的美好蓝图。从一个红色载体推动乡村振兴战略实施、从一个水利工程到新时代的精神符号、从一个基地建设到撬动全域发展的杠杆，这是长岗坡党员教育基地的建设定位。

这是在新时代新征程中云浮人民弘扬长岗坡精神的一个新窗口，是一项激励广大党员干部不忘初心、牢记使命的千秋工程。

精 神 永 恒

"敢为人先，艰苦奋斗，善于担当，一心为民"的长岗坡精神，是"红船精神""井冈山精神""延安精神""西柏坡精神"和"愚公移山精神"的传承，是以上这些精神在云浮罗定大地的实践与体现；弘扬长岗坡精神，要与弘扬"红船精神"紧密结合，才能更有底蕴，更有力量，才能真正让精神永恒。

弘扬长岗坡精神，可以为推进"两个一百年"伟大目标提供精神动力。

习近平总书记指出，我们既要全面建成小康社会，实现第一个百年奋斗目标，又要乘势而上开启全面建设社会主义现代化国家新征程，向第二个百年奋斗目标进军。"两个一百年"伟大目标，是中国共产党人近百年来艰苦卓绝的苦苦追求，是全国人民日益期盼的美好梦想，是中华民族屹立于世界民族之林的重要体现。

如何才能实现"两个一百年"伟大目标？总的来说，就是要深刻领会习近平新时代中国特色社会主义思想的内涵，从思想上增强政治意识、大局意识、核心意识、看齐意识，与习近平同志为核心的党中央保持高度一致。具体来说，一是要做到进一步解放思想，深化改革，敢为人先，务实创新。只有勇于突破，务实创新，不断打破传统思维的束缚，打破旧框框的禁锢，才能加快实现"两个一百年"伟大目标的步伐。二是要大力发扬理论联系实际，密切联系群众，批评与自我批评的三大作风，尤其是如何做到密切联系当地实际，创造性开展工作，敢于和善于做好新时期的群众工作，真正做到相信群众、依靠群众，组织和发动群众，万众一心大干社会主义。因为人民群众才是真正的英雄，只有广大人民群众的力量和积极性充分组织和调动起来，才是实现"两个一百年"伟大目标的不竭动力。三是要牢记宗旨，不忘初心，艰苦创业，敢于担当，善于担当。如果缺乏一心为民的宗旨意识，缺乏全心全意为人民服务的思想，缺乏艰苦创业的精神，缺乏抓铁有痕、踏石留印和一张蓝图干到底的工作作风，怎么能够如期实现"两个一百年"伟大目标。

弘扬长岗坡精神，可以为推动广东"四个走在全国前列"的实现加油。

习近平总书记在十三届全国人大第一次会议参加广东代表团审议时明确要求，"广东的同志们要进一步解放思想、改革创新，真抓实干、奋发进取，以新的更大作为开创广东工作新局面，在构建推动经济高质量发展体制机制、建设现代化经济体系、形成全面开放新格局、营造共建共治共享社会治理格局上走在全国前列。"

要求广东实现"四个走在全国前列"是习近平总书记对广东的莫大关心和极大鼓舞，是对广东各级党委、政府和全省人民的重托和厚望。要实现"四个走在全国前列"的要求，首先是要凝聚共识，把握方向。总书记对广东新时期提出的新的更高的要求，不仅是在经济发展总量上要走在全国前列，而且是在高质量发展的体制机制、现代化经济体系、全面开放新格局和社会治理格局上，都要走在全国前列。其实质就是要求广东在实现治理体系和治理能力上要走在全国前列，工作既光荣又艰巨，任重道远。其次是要明确目标，提升能力。目前，国际形势逼人，国内挑战逼人，使命担当逼人。要认真贯彻落实习近平总书记对广东提出的"四个走在全国前列"的要求，必须明确我们的工作目标，就是要瞄准如何提升治理体系和治理能力现代化水平，在体制机制创新上下功夫，在提升应对日新月异的科技能力和管理能力上下功夫。

面对新形势、新任务、新目标和新挑战，大力弘扬长岗坡精神，发扬广东敢为人先、敢于吃第一个螃蟹、勇于杀出一条血路的优良传统，对推动"四个走在全国前列"的实现意义深远。

弘扬长岗坡精神，有利于克服干部的"等、靠、要"思想和不敢担当的"懒政、怠政"作风。

2016年1月18日，习近平总书记指出，"一些干部'为官不为'已成了一个突出问题，各级党委对这个问题要高度重视，认真研究，把情况搞清楚，把症结分析透，把对策想明白，有针对性地加以解决。不等不拖、辩证施策，争取尽快扭转。"

目前，在一小部分党员干部中，还存在着"混日子""不干事"的现象。明哲保身，既不惹事，也不办事。上班喝喝茶、抽抽烟、玩玩手机、聊聊天，不知不觉又一天。存在着"干多干少一个样，干好干坏一个样，干与不干一个样"的现象。一些同志精神萎靡不振，遇事装聋作哑；工作不推不动，甚至推而不动；有问题左躲右闪，遇矛盾上推下卸；用会议贯彻会议，以文件落实文件；动口不动手，务虚不务实，工作不落实。一些同志不敢担当，不愿担当，"等、靠、要"思想严重。等资金，等项目，等帮扶，等补助。思想缺乏开拓性，工作缺乏主动性，能力缺乏适应性，作风缺乏务实性。所有这些，都是不敢担当，不愿担当的表现，应该好好对照和学习长岗坡精神。

这种"为官不为"，怕担当、不负责的不良作风，表面看是工作作风问题，其实质是干部的理想信念不坚定、宗旨意识不牢固、工作能力不适应、工作作风不过硬和廉洁自律观念不强的集中表现。

空谈误国，实干兴邦。勤政廉政，事业兴旺；为官不为，事业衰败。所以，弘扬长岗坡精神，对克服"等、靠、要"思想和不敢担当的"懒政""怠政"作风，很有针对性，大有裨益！

后　　记

　　罗定的水利建设一直走在全国前列，尤其是长岗坡渡槽这一全国最长的人工渡槽，它虽然靠土法上马建设，但从未进行过大修，几十年来保持引水量不降，在全国水利工程中创造了奇迹。

　　中共云浮市委以该工程为载体，建设党员教育基地，并要撰写一本全面反映长岗坡工程建设的小册子，梁伟发同志是该工程建设的建设者、参与者、见证者，他和曾经在罗定工作过的部分老同志商量并同心协力，求真务实，夜以继日地开展了该书的编写工作。

　　梁伟发同志拟出写作提纲后，2018年1月7日召开编写工作会议，进行了反复讨论和广泛征求意见，并组织了6个采访小组，分别到罗定各镇（街）村、各相关部门采访了600多人次。采访素材还原了当年工程建设的宏大场景、万众一心修水利战旱患的豪迈情怀、建设者的甜酸苦辣和一个个、一桩桩感人肺腑的故事。

本书编写过程中，得到广东省水利厅，云浮市委、市政府，云浮市委组织部，市水务局，罗定市委、市政府，以及罗定各级、各部门、市摄影家协会的大力支持，提供大量的资料、数据、图片，使本书的编写工作得到顺利进行。

梁忠文、李金才、梁培献、黎海等为本书的编写与出版给予大力支持，特此致谢。

本书的采访写作时间较为仓促，编写水平有限，不全和不妥之处在所难免，敬请读者批评指正。

《中国长岗坡》编委会

2018 年 6 月

责任编辑：吴继平
封面设计：林芝玉
版式设计：周方亚
责任校对：张红霞

图书在版编目（CIP）数据

中国长岗坡／梁伟发 主编．—北京：人民出版社，2018.6

ISBN 978－7－01－019422－6

I.①中… II.①梁… III.①水利工程－建设－概况－罗定 IV.①TV

中国版本图书馆 CIP 数据核字（2018）第 117138 号

中国长岗坡
ZHONGGUO CHANGGANGPO

梁伟发 主编

人民出版社 出版发行

（100706 北京市东城区隆福寺街 99 号）

北京盛通印刷股份有限公司印刷 新华书店经销

2018 年 6 月第 1 版 2018 年 6 月北京第 1 次印刷

开本：890 毫米 ×1240 毫米 1/32 印张：10.25

字数：156 千字

ISBN 978－7－01－019422－6 定价：28.00 元

邮购地址 100706 北京市东城区隆福寺街 99 号

人民东方图书销售中心 电话（010）65250042 65289539

.